Abderrahim Benmoussat

Etude sur la corrosion et la protection des aciers pour pipelines

AF280326

Abderrahim Benmoussat

Etude sur la corrosion et la protection des aciers pour pipelines

Protection par polyuréthane

Presses Académiques Francophones

Impressum / Mentions légales
Bibliografische Information der Deutschen Nationalbibliothek: Die Deutsche Nationalbibliothek verzeichnet diese Publikation in der Deutschen Nationalbibliografie; detaillierte bibliografische Daten sind im Internet über http://dnb.d-nb.de abrufbar.
Alle in diesem Buch genannten Marken und Produktnamen unterliegen warenzeichen-, marken- oder patentrechtlichem Schutz bzw. sind Warenzeichen oder eingetragene Warenzeichen der jeweiligen Inhaber. Die Wiedergabe von Marken, Produktnamen, Gebrauchsnamen, Handelsnamen, Warenbezeichnungen u.s.w. in diesem Werk berechtigt auch ohne besondere Kennzeichnung nicht zu der Annahme, dass solche Namen im Sinne der Warenzeichen- und Markenschutzgesetzgebung als frei zu betrachten wären und daher von jedermann benutzt werden dürften.

Information bibliographique publiée par la Deutsche Nationalbibliothek: La Deutsche Nationalbibliothek inscrit cette publication à la Deutsche Nationalbibliografie; des données bibliographiques détaillées sont disponibles sur internet à l'adresse http://dnb.d-nb.de.
Toutes marques et noms de produits mentionnés dans ce livre demeurent sous la protection des marques, des marques déposées et des brevets, et sont des marques ou des marques déposées de leurs détenteurs respectifs. L'utilisation des marques, noms de produits, noms communs, noms commerciaux, descriptions de produits, etc, même sans qu'ils soient mentionnés de façon particulière dans ce livre ne signifie en aucune façon que ces noms peuvent être utilisés sans restriction à l'égard de la législation pour la protection des marques et des marques déposées et pourraient donc être utilisés par quiconque.

Coverbild / Photo de couverture: www.ingimage.com

Verlag / Editeur:
Presses Académiques Francophones
ist ein Imprint der / est une marque déposée de
OmniScriptum GmbH & Co. KG
Heinrich-Böcking-Str. 6-8, 66121 Saarbrücken, Deutschland / Allemagne
Email: info@presses-academiques.com

Herstellung: siehe letzte Seite /
Impression: voir la dernière page
ISBN: 978-3-8416-3117-6

Zugl. / Agréé par: Oran, Université des sciences et technologie,2006

A.BENMOUSSAT

ETUDE SUR L'ENDOMMAGEMENT PAR CORROSION DES ACIERS POUR PIPELINES ET PROTECTION PAR POLYURETHANE

Étude sur l'endommagement par corrosion Des aciers pour pipelines et protection en polyuréthane

Abderrahim BENMOUSSAT
Département de sciences de la matière
Université CUTamanrassset

Préface

La corrosion et la fissuration sont les menaces majeures d'endommagement des aciers pour pipelines ou l'agressivité du sol et l'activité bactérienne sont prononcées malgré les enrobages protecteurs des tubes et le système de protection cathodique. C'est une problématique préoccupante tant en industrie pour un transport fiable qu'en laboratoire de recherche pour élucider le phénomène. Ce qui a motivé le présent travail de recherche afin d'apporter une meilleure compréhension des mécanismes d'interaction électrochimique des aciers en sols corrosifs sous des revêtements dégradés avec simulation en laboratoire de la corrosion et d'apporter de meilleures solutions pour la protection par des revêtements adéquats et pour assurer une exploitation fiable des lignes de pipelines d'hydrocarbures. Le mécanisme d'endommagement en service est lié à plusieurs paramètres : nature des aciers, nature des sols, cycles de pression, protection cathodique, microbiologie et corrosivité des sols.

L'étude présentée dans ce travail s'inscrit dans le cadre des travaux de trois projets de recherche. Ils ont été réalisés dans le cadre des travaux d'un groupe de recherche mixte entre l'université et le département inspection et contrôle de la DRC/sonatrach Arzew (Algérie) d'une part et l'école nationale supérieure de chimie (ENSCL) à Lille (France). L'objectif visé est d'apporter une meilleure compréhension du phénomène d'endommagement rencontré sur la ligne GZ1 en vu d'améliorer la protection et les conditions d'exploitation de la ligne. Parmi toutes les études mises en œuvre (expertises en ligne, influence de la protection cathodique...), le projet a permis la réalisation de six mémoires ingénieurs (projets PFE) et une thèse de doctorat.

L'étude dans le cadre de la recherche en doctorat a été menée sur les aciers API 5L X60 de la ligne de gazoduc GZ1 reliant le gisement de gaz naturel à Hassi R'mel au sud de l'Algérie vers la station de traitement GLN de la zone industrielle d'Arzew à l'ouest sur une distance de 507 Kms, après une exploitation d'une trentaine d'années. Les prélèvements ont montrés préliminairement beaucoup d'anomalies telles que les ruptures et dégradation des revêtements, réductions en épaisseur par suite de perte en masse, piqûres de corrosion, déformation, fissures...

Nous présenterons dans un premier temps une revue sur les aciers et leur comportement en corrosion par les sols et une étude expérimentale comportant une caractérisation des matériaux d'étude et les conditions expérimentales par le choix du milieu corrosif, les essais en cellule, les courbes intensité -potentiel et les courbes de spectroscopie d'impédance électrochimique et dans un deuxième temps une étude sur l'optimisation des moyens de protection des pipes comportant une étude critique sur l'évolution des revêtements utilisés depuis une trentaine d'années sur la ligne GZ1, argumentation sur le choix du revêtements dans les conditions d'emploi et les tests sur les revêtements polyuréthane. Nous terminerons ce travail par une étude sur l'évaluation du taux de corrosion par approche probabilistique et la durée utilitaire restante avec une discussion des résultats obtenus.

Nous tenons à remercier le service technique de maintenance des pipes pour leur soutien dans cette étude.

A.Benmoussat

Décembre 2014

Introduction générale

Le transport des ressources fossiles, pétrole et gaz naturel depuis leur localisation géographique vers les centres de consommation situés dans les zones industrialisés s'opère par pipelines ou par navigation maritime pour des distances trans-continentales. D'importants réseaux de canalisations ont été construits depuis les années 60 et se développent toujours. A titre d'exemple, le réseau canadien de transport et de distribution de gaz et de pétrole représente ~ 580 000 Km de tubes de toutes tailles (d'après National Energy Booard, 1998). Le réseau algérien représente 16 000Km (d'après SONATRACH Algérie) de tubes dont le diamètre varie de 8 à 48 pouces, en pleine expansion pour atteindre des points de desserte en Europe en traversant la mer méditerranée [1.1].

La réalisation d'infrastructures comme les lignes de pipelines sur des milliers de kilomètres, doit répondre à des impératifs de rentabilité et de sécurité et constitue actuellement un enjeu économico-sécuritaire dans de nombreux pays producteurs d'hydrocarbures et tient compte de plusieurs paramètres dont les aciers employés, les caractéristiques et la mécanique des sols en plus des risques d'endommagement et de rupture des matériaux par dépassement de la charge limite, ou par manque de ténacité, ou encore rupture par corrosion.

Afin de diminuer le risque, le dimensionnement de la structure est effectué pour travailler dans le domaine élastique avec un coefficient de sécurité adéquat, ce qui autorise une taille critique de défaut. Ce coefficient dépend des réglementations nationales et intervient dans les risques causés par la corrosion.

Afin d'être économiquement viable, la construction d'un pipeline doit permettre de transporter un débit de gaz aussi élevé que possible. Cet impératif a progressivement mené à une augmentation du diamètre des tubes, ainsi que la pression de service. L'effet sur les aciers employés est immédiat. Pour éviter une augmentation trop importante de l'épaisseur des tubes rendant les coûts de production et d'investissements rédhibitoires, on est amené à développer de nouveaux aciers à haute limite élastique HLE obtenus par affinement des grains. Pour une même classe de matériaux, il est vérifié que la ténacité c'est à dire la capacité du matériau à résister à toute forme d'endommagement diminue lorsque l'on cherche à augmenter la limite élastique. Un des enjeux du développement de nouveaux aciers pour pipelines est d'obtenir un compromis entre une haute limite d'élasticité et une ténacité élevée.

Les aciers de pipelines ont connus depuis quarante années une augmentation de leurs propriétés en vue d'améliorer leur résistance mécanique, leur résistance à la corrosion et leur soudabilité grâce au développement des aciers à haute limite d'élasticité et à ténacité élevée. Parmi les mécanismes métallurgiques mis en œuvre pour augmenter les performances de ces aciers est l'affinement de la microstructure par diminution de la taille de grain, obtenue grâce au développement des schémas de traitement thermomécaniques de laminage à température contrôlée des tôles TMCP (Thermo Mechanical Controlled Process) des nuances d'aciers ferrito-perlitiques à bas carbone micro-alliées[1.2,1.5]. Des développements plus complets sur les schémas d'élaboration, microstructures et propriétés résultantes seront reportés en annexe A.

Les aciers pour pipelines, comme tous les matériaux métalliques ont tendance, par un phénomène naturel de corrosion (du nom latin corrodere, signifie attaquer, ronger), à retourner à l'état thermodynamiquement le plus stable de minerai, c'est à dire d'oxyde, lorsqu'ils sont en contact direct avec un milieu corrosif tel que les sols. Cette oxydation prend la forme d'une corrosion électrochimique. Le matériau se dissout dans le milieu et les caractéristiques de la structure sont modifiées. La norme ISO 8044 (1999) définit la corrosion d'un métal comme « une interaction physico-chimique entre un métal et son environnement entraînant des modifications dans les propriétés du métal et souvent une dégradation fonctionnelle du métal lui-même, de son environnement ou du système technique constitué par les deux facteurs. Note : cette interaction est généralement de nature électrochimique ».

Comme il est peu envisageable d'agir sur le milieu corrosif, il faut agir sur la structure, soit en modifiant la nature de son alliage, soit en la recouvrant d'un film étanche (revêtement) soit en assurant une protection électrochimique active. Bien souvent, c'est en combinant ces divers procédés qu'une protection totale est atteinte. Le revêtement doit assurer une isolation parfaite de l'acier par rapport au milieu agressif. La qualité de cette isolation lors de la mise en service et ensuite son maintien dans le temps dépendent d'un nombre de qualités intrinsèques déterminées par sa tenue mécanique, physico-chimique, thermique, électrique voire même biologique.

Compte tenu de la quantité d'énergie élastique stockée par le gaz sous pression, la sécurité du transport est un point critique : la présence de défauts dans le matériau, fissures, ou corrosion externe ou interne... peuvent conduire à l'endommagement de la structure sur des distances de plusieurs dizaines de mètres à plusieurs kilomètres. Des statistiques établies par EDIG (European Gas pipeline Incident Group) [1.2] rapportent que 25% des cas sont dus à la corrosion et 8% à une ténacité faible du matériau. D'autres résultats établis par Nova Gas Transmission Ltd qui concerne le réseau canadien de pipelines [6] rapportent que 38% des problèmes d'intégrité des systèmes de transmission par pipelines sur plus de 20 000Km de ligne sont dus à la corrosion externe sous des revêtements dégradés et qui se manifeste beaucoup plus par des fuites. La corrosion externe et la fissuration sont les problèmes majeurs rencontrés sur les lignes du réseau de pipelines. On estime que la corrosion détruit un quart de la production annuelle mondiale d'acier, ce qui représente environ 150 millions de tonnes par an ou encore 5 tonnes par seconde [1.7].

Les ouvrages enterrées de tubes en acier de pipelines de part les conditions mêmes de leur utilisation sont exposées aux phénomènes de corrosion et de fissuration qui sont parfois complexe lorsque les sollicitations mécaniques et les actions microbiologiques sont impliquées, bien qu'ils soient protégés des agressions extérieures par un revêtement passif dont l'action est couplée à un système de protection cathodique. L'endommagement peut être sous forme de corrosion localisée par piqûration ou fissuration le plus souvent par corrosion électrochimique ou par corrosion sous contrainte SCC (Stress Corrosion Cracking) ou induite par l'hydrogène par des mécanismes en mode ductile ou en mode par clivage en présence   particulièrement des espèces chimiques OH^- $CO3^{2-}$ / HCO^{3-} [8,12]

Des progrès considérables ont été réalisés dans la compréhension des mécanismes de corrosion pendant ces vingt dernières années grâce au développement des techniques de plus en plus performantes d'analyse en électrochimie. C'est pour mieux comprendre l'endommagement par corrosion et surtout pour mieux le suivre que ce travail a été entrepris. Il s'applique à la ligne GZ1 du réseau Algérien de transport du gaz naturel à haute pression choisi pour une première approche du problème. Cette ligne assure la desserte des unités de traitement de gaz GNL à la zone industrielle d'Arzew à partir du gisement de Hassi R'mel sur une distance de 507 Km par des canalisations   enterrés en acier roulés soudés (de type C-Mn faiblement alliés), en exploitation par la société sonatrach (SH) depuis une trentaine d'années. Les tubes sont protégés des agressions extérieures par un revêtement bitumineux dont l'action est couplée à un système de protection cathodique qui vise à maintenir l'acier dans son domaine de protection et ainsi, éviter tout risque de corrosion extérieure lors d'une éventuelle rupture du revêtement. La circulation du gaz à l'intérieur des tubes est assurée par des stations de compression qui permettent la mise sous pression du gaz. Les tubes sont également mis sous tension par suite de contraintes cycliques dues à l'exploitation de la ligne.

Un projet de réhabilitation est en cours vu les problèmes de rupture en service et de fuites en gaz dus en grande partie à des problèmes d'endommagement par corrosion et par fissuration des aciers, les décollements d'enrobages protecteurs et la protection cathodique.

La corrosion externe et la fissuration constituent une menace à l'intégrité du pipeline. Les sites de corrosion identifiés par les inspections en ligne ont montré un taux de corrosion en épaisseur atteignant   jusqu'a 68% dans les sols argileux humides où l'eau souterraine a une faible conductivité. Le mécanisme d'endommagement qui est lié, de la manière la plus générale qui soit, à la nature des aciers, à la protection cathodique, à la nature des sols et à la présence de cycles de pression. Ce type d'endommagement ne préjuge en rien des micro- mécanismes mis en jeu et encore moins des moyens qui, permettraient d'atténuer significativement ce phénomène.

L'étude présentée dans ce travail s 'inscrit dans le cadre des travaux de trois projets de recherche CNEPRU financé par le   ministère Algérien de l'enseignement supérieur et de la recherche scientifique MESRS le premier agréé en 1998 à l'université de Tlemcen (Algérie); le second en 2002 et le troisième en 2004 à l'université des sciences et de technologie (USTO - MB) Oran (Algérie). Ils ont été réalisés   dans le cadre des travaux d'un groupe de recherche mixte entre l'université et le département inspection et contrôle de la DRC/sonatrach Arzew (Algérie) d'une part et l'école nationale supérieure de chimie (ENSCL) à Lille (France). L'objectif visé est d'apporter une meilleure compréhension du phénomène d'endommagement rencontré sur la ligne GZ1 en vu d'améliorer la protection et les conditions d'exploitation de la ligne. Parmi toutes les études mises en œuvre (expertises en ligne, influence de la protection cathodique…), le projet a permis la réalisation de six mémoires ingénieurs à l'université de Tlemcen et une thèse de doctorat, réalisée à l'université des sciences et de la technologie d'Oran avec la collaboration de l'école de Chimie (ENSCL), est l'objet de ce travail.

Pour ce faire, la méthodologie que nous employons vise à définir, dans un premier temps, les paramètres caractéristiques des ruptures en service et qui sont dus à la corrosion externe. A partir des informations recueillies des inspections en ligne, il nous est possible de simuler en laboratoire les conditions et les mécanismes d'endommagement par corrosion par des techniques récentes d'essais électrochimiques de corrosion. Ce n'est qu'a l'issue de ces tests, et des informations qu'ils apportent, qu'il nous sera possible d'apporter des réponses à des questions essentielles : pourquoi les piqûres sont-elles localisées en surface sur la ligne GZ1 à des profondeurs et des zones différentes? Quels sont les paramètres de ligne qui ont permis leur développement en surface ou en profondeur ? Est-il possible d'atténuer (ou d'arrêter le phénomène ? Quelle conduite à mener des actions anticorrosion?

Notre étude s'articule autour de quatre chapitres. Le premier chapitre est l'état de l'art portant sur la corrosion et la protection des ouvrages de transport du gaz naturel. Le deuxième chapitre est relatif à l'étude de l'endommagement en service (contexte industriel). Le troisième chapitre s'attache à décrire et analyser les différents tests de laboratoire qui ont été conduits. Le quatrième chapitre est relatif à l'évaluation du taux de corrosion par une approche statistique. Le dernier chapitre est consacré à la discussion des résultats, de proposer un modèle qui prend en compte les différentes étapes d'endommagement et des actions anticorrosion.

1. Corrosion des aciers de pipelines en sol et Leur protection

1.1 Introduction

Le transport du gaz naturel et les autres produits d'hydrocarbures raffinés par canalisations enterrées est la méthode choisie dans beaucoup de pays y compris l'Algérie avec un réseau de pipelines de plus de 16 000Km. Ce mode de transport est loin d'être le plus sûre en raison de la détérioration des aciers de pipelines par corrosion ou par fissuration assistée par l'environnement du sol (EAC : environmentally assisted cracking) malgré les revêtements et la protection cathodique. La corrosion souterraine et la corrosion par les sols sont les formes de dégradation qui affecte beaucoup de canalisations enterrées en aciers avec une signification technique et économique. Les propriétés destructives des sols sont de transformer ces matériaux ferreux à leur état primitif de minerai où ils sont en équilibre thermodynamique. La protection cathodique est appliquée pour protéger régulièrement les conduites enterrées en acier et protéger toute surface pouvant rester non recouverte par le revêtement et se trouvant en contact direct avec l'environnement de sol. Cela implique l'application d'une charge électrique négative sur la surface de l'acier empêchant efficacement la dissolution thermodynamique du métal. Par application d'un potentiel cathodique imposé, la structure se trouve au pôle cathodique de la pile de corrosion zinc-fer et elle est ainsi une nouvelle fois protégée. La question revient alors à connaître l'action que peut avoir le sol sur les produits utilisés pour les revêtements sous protection cathodique, ce qui peut mener à des effets d'environnements différents.

Le sol est un matériau complexe constitué par un système à trois phases : une phase solide constituée de débris de matériaux minéraux ou organiques, une phase liquide représentée par l'eau comme moteur principal de la corrosion et une phase gaz qui est l'air ou les autres gaz. C'est un milieu poreux, hétérogène et discontinu, souvent colloïdal, où l'eau peut avoir des liaisons physico-mécaniques, physico-chimiques ou chimiques [1.13].

Pour évaluer les caractères de corrosivité d'un sol ou pour rechercher les causes d'un cas de corrosion et expliquer son processus, les lois fondamentales de l'électrochimie sont insuffisantes à elles seules. Les modèles de mécanismes donnant une explication suffisante de la corrosion et de la corrosion EAC en particulier ne peuvent être élaborés qu'en considérant les sites spécifiques et les considérations complémentaires ne peuvent être puisées que dans l'expérience acquise dans l'étude de nombreux cas concrets [1.14]. D'après TOMACHOV [1.13], les données pratiques montrent qu'aucune des méthodes proposées pour la détermination de l'activité corrodante du sol ne manifeste une concordance entièrement satisfaisante avec l'activité corrodante réellement observée dans la parcelle donnée de sol. On n'a pas non plus établi une corrélation monovalente entre l'activité corrodante du sol et une quelconque de ses qualités physico-chimiques : conductibilité électrique, pH, humidité, composition saline, structure.

Des modèles d'études de la corrosivité des sols sont basés sur des matériaux comprenant l'acier placés en contact direct avec l'environnement de sol humide et les sels dissous dans l'eau permettent de considérer le sol comme un électrolyte, bien qu'il puisse se distinguer des électrolytes par de nombreuses considérations. Des caractéristiques facilement mesurables telles que la résistivité du sol (ou sa conductibilité), l'humidité ou son pH ont été alors corrélées avec les problèmes de dégradation des matériaux et continuent à fournir des recommandations pour le choix des matériaux, tel que l'emplacement des structures et le choix d'itinéraire. La conception globale du système est souvent généralisée. En effet, lorsque le pipe enterré en acier est en contact avec l'environnement du sol est le siège d'échange de gaz du sol avec l'atmosphère d'une part et les précipitations d'eau en zone saturée ou non saturée peut donner un environnement de sol différent autour de la surface de l'acier [1.15-1.19].

Des modèles de risque ont été développés pour améliorer la maintenance à long terme des structures enterrées depuis '' corrosion handbook'' un original d' Uhling[1.21]. Des outils sont recherchés et aideront à caractériser la corrosivité des sols et les mécanismes de la dégradation des matériaux dans des environnements de sol.

Nous aborderons dans ce chapitre les thèmes suivants:

- ✓ Lois électrochimiques de la corrosion théorique, en considérant un sol humide comme un électrolyte hétérogène, discontinu et poreux. Du point de vue de la théorie électrochimique, la corrosion d'un métal dans un sol résulte comme dans un électrolyte de l'activité de piles dites ''piles de corrosion''.
- ✓ Corrosion par courants vagabonds pouvant entraîner une dissolution anodique du métal par électrolyse (loi de FARADAY).
- ✓ Corrosion microbiologique et l'effet d'accélération du processus de corrosion par l'activité de certaines bactéries.
- ✓ Etudes sur la corrosion des aciers de pipelines et évaluation de la corrosivité des sols
- ✓ Protection des aciers de pipeline par revêtements et par protection cathodique et l'évolution dans la nature de ces revêtements.

1.2 Corrosion des aciers de pipelines dans les sols

Un sol humide pouvant être considéré comme un électrolyte, il est fondé de considérer les processus de corrosion des matériaux métalliques dans le sol du point de vue de la théorie électrochimique. Il faudra toutefois tenir compte des particularités de cet électrolyte qui consiste en un système hétérogène et poreux. Du point de vue de la théorie électrochimique, la corrosion d'un métal dans un sol résulte de l'activité de piles dites : piles de corrosion. Un métal est un élément chimique qui perd facilement un ou plusieurs électrons. Mis en solution aqueuse il se transforme aisément en cation métallique dissous : c'est la corrosion du métal sous forme électrochimique. La corrosion des aciers peut prendre d'autres formes tel que la corrosion généralisée et correspond à la corrosion progressant sur l'ensemble de la surface du métal exposé au milieu corrosif ou sous forme de corrosion localisée qui se concentre préférentiellement sur des sites discrets de la surface de l'acier exposé à un milieu corrosif ». Il existe plusieurs origines à la formation de la corrosion localisée (intergranulaire, galvanique..) suivant les normes ISO99 et LAN93 (Andra, 2001). A cette distinction entre corrosion généralisée et corrosion localisée, (Santarini 1998) ajoute quelques précisions : la corrosion localisée est engendrée par des causes locales (inclusions, joints de grain...) alors que les évolutions morphologiques produites par la corrosion généralisée sont due à des causes globales telles que des gradients des paramètres responsables de la corrosion (concentration, température, potentiel électrique...). Dans le cas des causes globales, la forme plane de l'interface est toujours une solution stationnaire possible, que cette forme soit stable (elle tend à s'aplanir) ou instable (elle tend à devenir rugueuse), contrairement aux causes locales pour lesquelles cette forme plane n'est pas stationnaire.

1.2.1 Corrosion électrochimique

A l'interface entre le matériau et le milieu qui l'environne, il s'établit nécessairement une réaction de transfert de charges lors de la création de cations dissous. Ce dernier phénomène est en relation directe avec une différence de potentiel qui s'établit entre le métal et le milieu qui dans les conditions standards est régie par deux paramètres importants : le potentiel et le pH. Les différentes formes stables prises par l'élément métallique dans ces conditions sont représentées sur un diagramme potentiel – pH. Sur le diagramme fer -eau, on peut noter que chacun de ces domaines correspond à l'un des cas suivants: corrosion, l'espèce stable est un ion du métal, immunité, l'espèce stable est le méta et la passivité : l'espèce stable est une molécule, oxyde ou hydroxyde du métal. Si cette situation conduit à la formation d'un film protecteur, on observe alors une nette diminution de la vitesse de corrosion.

Les mécanismes de corrosion du fer à court terme sont connus lorsque les paramètres du milieu sont parfaitement définis tel que l'oxydation du fer métallique en milieux aqueux, dans des conditions proches de celles de l'enfouissement des canalisations. Des travaux ont permis également de caractériser les phases formées lors des processus de corrosion du fer et de suivre leur évolution suivant les conditions d'oxydation, en identifiant in situ les phases formées au cours de l'altération du métal en milieu aqueux sur des travaux d'enfouissement d'objets archéologiques. Les réactions électrochimiques de corrosion du fer en sol se traduit par les réactions anodiques (1) ou réaction d'oxydation et cathodiques (2) ou réaction de réduction (milieux aérés) :

$$Fe > Fe^{2+} + 2e^- \quad (1.1)$$

$$H_2O + \tfrac{1}{2} O^2 + 2e^- > 2\ OH^- \quad (1.2)$$

Ces réactions impliquent des transferts de charges entre un conducteur électronique (le fer) et un conducteur ionique (la solution aqueuse, l'eau des sols dans le cas de l'enfouissement). L'étude des phénomènes de corrosion implique d'une part la connaissance des équilibres chimiques mis en jeu, ainsi que celles des cinétiques de ces réactions. Outre les réactions électrochimiques, la corrosion aqueuse met en jeu des réactions de surface (adsorption), ainsi que des réactions acido-basiques, en particulier l'hydrolyse des cations métalliques (Fe^{2+} en $Fe(OH)_2$ par exemple). L'eau est un solvant qui peut contenir de nombreuses espèces ioniques dissoutes. Les charges qu'elle contient se déplacent sous l'effet de gradients (concentrations des espèces, températures, potentiel, pH...) par convection ou diffusion. C'est pourquoi l'équation de transport des espèces dissoutes régie par l'équation 3 comprend un terme de convection et un terme de diffusion.

$$J_i = C_i v - D_i\ grad\ C_i \quad (1.3)$$

Où J_i est le flux de l'espèce i, C_i sa concentration, D_i son coefficient de diffusion et v la vitesse du fluide.

L'adsorption des ions solvatés à l'interface métal/solution ou oxyde/solution forme une double ou triple couche électriquement neutre, grâce à la mobilité des électrons du métal. Cette structure d'interface peut être assimilée à des condensateurs en série qui entraînent une différence de potentiel entre le métal et la solution, appelé potentiel absolu. La mesure de ce potentiel n'est en réalité possible que par rapport à une électrode de référence telle que l'électrode à hydrogène. Cette électrode a un potentiel fixé arbitrairement à 0 (pour une température de 25°C). En solution aqueuse, des transferts de charges et de matière ont lieu à travers la double couche. Les réactions d'oxydation et de réduction entraînent le passage de courant électrique à travers l'interface. Les réactions d'oxydation présentent un courant du métal vers la solution, appelé courant anodique, et de signe positif, qui laisse un excès d'électrons dans le métal, les réactions de réduction entraînent un courant dans le sens inverse appelé courant cathodique et négatif qui laisse un déficit d'électrons dans le métal. La corrosion est un phénomène d'oxydation du métal qui correspond soit à un passage de cations métalliques en solution, soit à la formation d'un film d'oxydes métalliques. Le maintien de la neutralité électrique d'un système n'est possible que si une réaction cathodique autre que celle ayant lieu sur l'électrode métallique est possible.

Thermodynamiquement, la pile ne peut fonctionner que si les potentiels vérifient l'équation:

$$E_A < E_C \quad (1.4)$$

Le processus anodique (dissolution du fer) peut évoluer sans freinage à faible polarisation dans les sols non aérés, très humides, lourds, compacts et où l'oxygène fait défaut. Il peut être accéléré dans certains sols anaérobies par activité bactérienne et contenant des sulfures. Il peut être freiné par un accroissement de la polarisation anodique résultant d'une diminution de l'humidité ou de la formation d'un film dense étanche et adhérent protecteur constitué d'hydroxydes du fer insolubles à la surface des anodes ou encore de l'apparition d'une passivation anodique qui peut être atteinte dans le cas de sols bien aérés (sols légers, perméable, peu humides). La constitution d'une couche barrière protectrice de produits de corrosion est le cas rencontré de freinage du processus anodique. Elle se rencontre dans les sols neutres ou légèrement basiques, légers, peu humides où l'oxygène pénètre facilement. Il y a formation d'hydroxyde ferreux $Fe(oH)_2$ puis oxydation en présence d'oxygène aux aires anodiques pour donner $Fe(oH)_3$ avec formation d'une couche dense protectrice d'hydroxydes ferreux et ferriques : cimentée avec les particules de sol par suite de l'absence de tout mouvement et mélange mécanique du milieu au contacts des anodes. Cette couche barrière freine le processus anodique.

Les réactions les plus courantes rencontrées sont la réduction de l'eau et celle de l'oxygène dissous :

$$2 H^+ + 2 e^- > H_2 \quad (1.5)$$

$$O_2 + 2 H_2O + 4 e^- > 4 OH^- \quad (1.6)$$

Quand le phénomène de corrosion est spontané, les réactions anodique et cathodique se produisent simultanément et ont des vitesses égales.

Par une approche thermodynamique la prévision des réactions électrochimiques possibles peut s'appuyer sur les diagrammes potentiel - pH (ou diagrammes de Pourbaix) (Pourbaix, 1975) qui permettent de déterminer les espèces dissoutes et solides stables majoritaires dans des conditions de potentiel et de pH données. Dans ces diagrammes thermodynamiques, on représente trois types d'équilibres :

• Les équilibres entre deux espèces solides : les activités des solides étant supposées égales à un, ces équilibres sont représentés par des droites,
• Les équilibres entre deux espèces en solution : l'équilibre dépend de la concentration des espèces en solution, en général, c'est la droite correspondant à l'égalité des concentrations qui est tracée,
• Les équilibres entre une espèce en solution et une espèce solide : ces équilibres dépendent de la concentration en espèce dissoute ; en général un faisceau de droite correspondant à différentes concentrations est tracé.

Les diagrammes de Pourbaix présentés sur la Figure 1 ont été établis par Descostes (2001) à partir des données de Chivot (Chivot, 1998, 1999 a,b). Les potentiels sont exprimés par rapport à l'électrode standard à hydrogène (ESH) et les équilibres ont été calculés pour une température de 25°C. Les diagrammes potentiel -pH suivent le formalisme suivant : Domaine de stabilité de l'eau : lignes en pointillé en rouge qui expriment respectivement sous une pression d'hydrogène ou d'oxygène de 1 bar, les équilibres de réduction de l'eau et de son oxydation suivant :

$$2\ H+ + 2\ e\text{-} - H_2(g)\ \text{avec}\ E_0 = \text{-}\ 0 - 0{,}05916\ pH \qquad (1.7)$$

$$\tfrac{1}{2}\ O_2(g) + 2\ H+ + 2\ e\text{-} - H_2O\ \text{avec}\ E_0 = 1{,}229 - 0{,}05916\ pH \qquad (1.8)$$

Domaine de stabilité des composés solides (lignes noirs), domaine de prédominance des espèces aqueuses du fer (lignes bleues). Ce diagramme montre que le fer n'est soluble qu'en milieu acide. Le fer ferrique est moins soluble et n'est prédominant qu'en conditions suffisamment oxydantes (Eh. 0,77 V) et très acides (pH. 2). Quant à l'ion Fe^{2+}, il n'est plus présent en conditions oxydantes au-delà de pH = 6 au profit de phases hydroxylées telles que la gœthite. En conditions réductrices (Eh. - 0,34 V), les deux degrés d'oxydation du fer coexistent sous forme solide dans la magnétite (Fe_3O_4). La présence de carbonate (prise arbitrairement à titre d'illustration ici à [HCO3]=1,12.10-2 mol/L) diminue sensiblement le domaine de l'ion Fe^{2+} alors que la magnétite devient plus instable (Figure 6 b/). En conditions oxydantes, la gœthite est la principale phase pour les composés solides du fer.

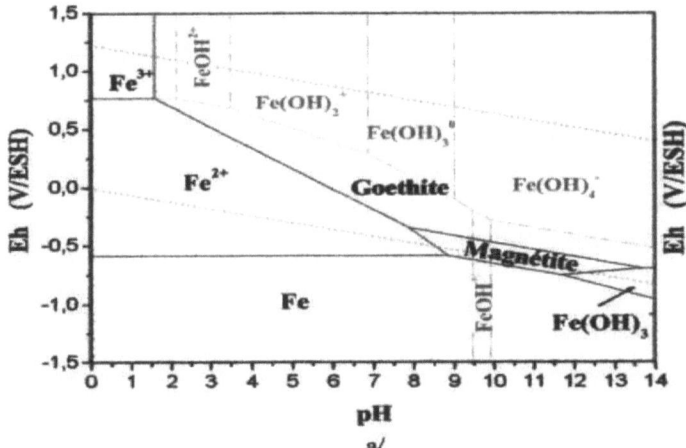

a/

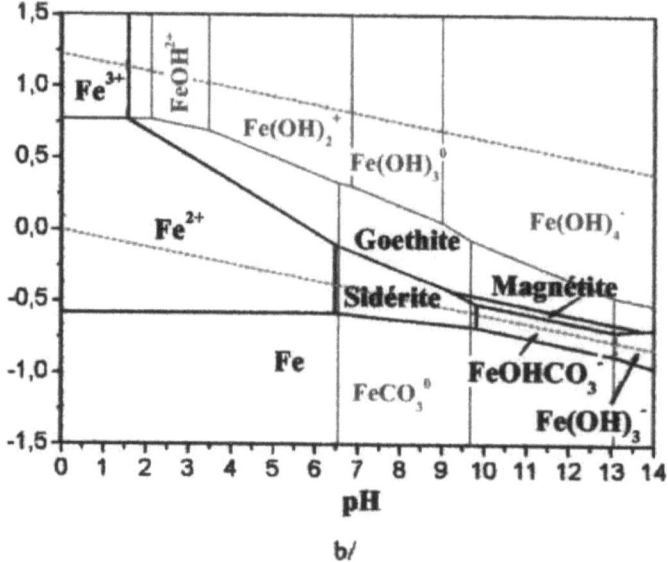

Figure 1.1– diagramme potentiel –pH pour les systèmes fer –eau oxygène. (a/$\sum$Fe = 10^{-5} mol/L) et fer – eau – oxygène – carbone).b/[Fe] =10^{-5} mol/L , [HCO3 $^-$]=1,12.10-2 mol/L) (Descostes,2001)

Pour les transferts de charges, le processus obéit à la relation BUTTLER-VOLMER, qui s'écrit de la façon suivante :

$$I(E) = I_{cor}\left[\exp\left(\frac{\beta_a}{E-E_{cor}} \right) - \exp\left(\frac{-\beta_c}{E-E_{cor}} \right) \right] \quad (1.9)$$

Avec :

I(E) La densité de courant (par unité de surface du métal)

β_a et β_c - Constantes de TAFEL (positives).

I_{cor} et E_{cor} représentent respectivement le courant de corrosion et le potentiel de corrosion

Dans cette relation le courant I_{cor}, est proportionnel à la vitesse de corrosion. Graphiquement on trace l'évolution du courant en fonction du potentiel selon les courbes de polarisation (figure 1) qui permettent de déterminer I_{cor}.

La diminution de la pente de Tafel anodique accroît le courant de corrosion et diminue le potentiel de corrosion. Il en est de même pour la pente de Tafel cathodique. La corrosion dépendra de la différence de potentiel $\Delta E = E_C - E_A$, de la polarisation effective des anodes et des cathodes et de la résistivité du milieu   (figure 2)

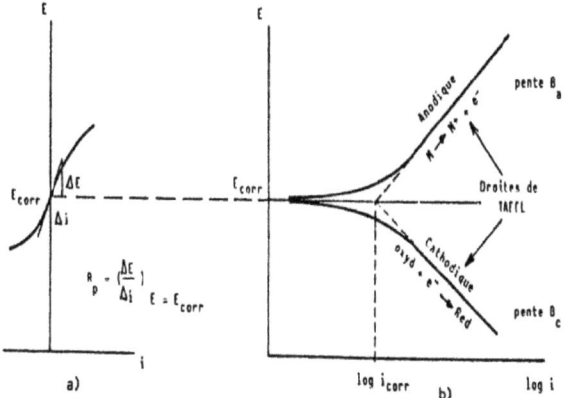

Figure 1.2 – a) Courbes de polarisation E = f (I) au voisinage du potentiel d'équilibre E_{corr}. b) courbe de polarisation E = f (log I) tracé des droites de TAFEL

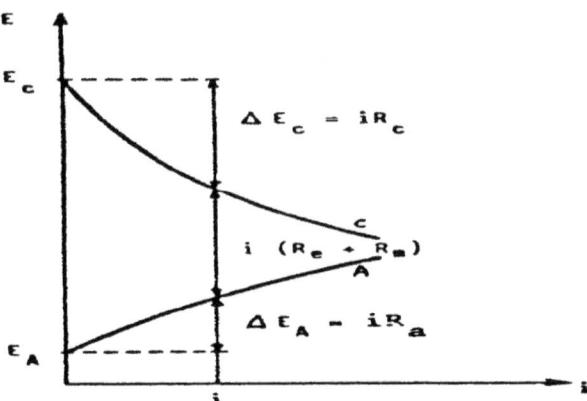

E_C – C : courbe cathodique. ΔE_A - polarisation anodique ΔE_C - polarisation cathodique

On peut déterminer I_{corr} à partir d'un relevé des courbes de polarisation (droites de TAFEL) ou à partir de la mesure de la résistance de polarisation R_p (STERN et GEARY) d'après la relation :

$$R_p = \left(\frac{\Delta E}{\Delta I}\right)_{E=Ecorr.} = \frac{\beta_a \beta_c}{2 Icorr\left(\beta_a + \beta_c\right)} \qquad (1.10)$$

L'activité de la pile de corrosion s'exprime suivant la loi de KIRCHOFF par la relation :

$$I = \frac{Ec - Ea}{Rc + Rm + Ra + Rc} \qquad (1.11)$$

R_a – résistance de polarisation anodique

R_c – résistance de polarisation cathodique

R_m - résistance du circuit dans le métal

R_e – résistance du circuit dans l'électrolyte

La somme des résistances figurant au dénominateur de la relation de kirchoff vont contrôler le débit des piles de corrosion. Tout ce qui contribue à accroître cette somme de résistances va diminuer l'intensité de la corrosion et réciproquement. Parmi ces facteurs, les uns dépendent du sol (R_e, R_a, R_c), les autres de la structure (R_m). Le facteur R_e est lié à la résistivité du sol qui est une grandeur facilement mesurable qui donne des informations sur l'humidité et la salinité. C'est par ce facteur qu'on évalue la corrosivité. Les facteurs R_a et R_c déterminent l'aptitude du sol à polariser les réactions anodiques et cathodiques par l'influence de certaines de ses caractéristiques tels que composition, structure, perméabilité à l'oxygène... Plus la polarisation augmente plus la résistance augmente et plus le débit de la pile diminue. La résistance R_m est faible dans les structures longues et continues en acier ou en fonte à joints soudés.

1.2.2 Corrosion par électrolyse & courants vagabonds

Les courants vagabonds sont des courants électriques circulant dans le sol variables dans leur intensité, leur direction et le trajet qu'ils parcourent. Ils trouvent leur origine à l'extérieur des structures enterrées. Ils proviennent des réseaux de tractions électriques telle que les lignes de chemin de fer électrifiées en courant continu, des installations industrielles à courant continu (bacs d'électrolyse, prise de terre, ponts roulants...) et des installations de protection cathodique située à proximité. Les corrosions résultantes de l'influence de courants vagabonds sont caractérisées par un phénomène d'électrolyse sous l'influence d'un courant. Ils se rencontrent, lorsqu'une structure enterrée se trouve placée dans un champ électrique créé par des courants continus circulant dans le sol.

Les zones où le courant entre dans la canalisation sont le siège de réactions cathodiques. Ces entrées de courant ne présentent localement aucun inconvénient, leur effet sur les plages cathodiques étant favorable. Les zones où le courant quitte la structure vers le sol qui, en raison de l'humidité et des sels qu'il contient, constitue un électrolyte sont le siège de réactions anodiques entraînant la dissolution du métal par électrolyse (loi de FARADAY).

Les dommages par courants vagabonds seront proportionnels à l'intensité du courant collecté par la structure et à la densité du courant aux points de sortie.

1.2.3 Biocorrosion

Depuis les travaux de Von w.Kuhr (1923), il est connu que, la corrosion des structures métalliques enterrées peut être accélérée dans certains cas par les microorganismes suivant des milieux aérobics ou anaérobiques. Parmi les bactéries les plus connus et qui interviennent dans les mécanismes d'accélération de la dissolution anodique du fer, les bactéries sulfato-réductrices (BSR) en milieu anaérobie, transforment les sulfates en hydrogène sulfuré qui se combine avec les sels ferreux pour donner un sulfure de fer. Les sulfobactéries (aérobies) conduisent à une corrosion acide et les pseudomonas à une corrosion organique. C'est en effet à l'activité de ces microorganismes que l'ont doit certaines corrosions sévères et rapides dans les sols où elles ne se seraient pas produites sans leur intervention. Le type Sporovibrio désulfuricans est associé à la réduction des sulfates par l'hydrogène cathodique, ce qui entraîne une dépolarisation biochimique de la cathode. Les produits de la corrosion anaérobie du fer par voie bactérienne comporte une large part de sulfure de fer.

Les sols susceptibles d'être le siège d'une activité bactérienne activant les processus de corrosion seront les sols riches en sulfates, privés d'oxygène ou n'excède que difficilement tel que les sols marécageux, les sols argileux très humides...

Le pouvoir réducteur du sol peut être mesuré par le potentiel Redox. Srarkey et Wight [1.24] ont défini une classification de la corrosivité en fonction de la valeur du potentiel Redox E_H Les pH les plus favorables à l'activité des bactéries réductrices des sulfates sont compris entre 5.5 et 8.5.

Tableau 1.1 - Corrosivité du sol en fonction de la valeur du potentiel Redox E_H

E_H (Ramené à pH 7 et à 20°C)	Corrosivité
› 400 mV	négligeable
200 à 400 mV	Faible
100 à 200 mV	modérée
‹ 100 mV	forte

1.2.4 Mécanismes de corrosion des aciers de pipelines en sol

Les aciers de pipelines ont été conçut pour une durée de vie de 70 années et plus, quelques canalisations se détériorent lentement alors que d'autres ont déjà épuisés leur vie utile en un temps relativement court (après une année). Indépendamment de la qualité de la construction, des revêtements, de la protection cathodique (CP), les facteurs qui affectent la vie de canalisation incluent la nature du produit, la nature de l'environnement externe, les conditions de fonctionnement (cycles de pression...) et la qualité de la maintenance.

Les travaux de recherche sur la corrosion des aciers de pipeline sous plusieurs mécanismes : stress corrosion cracking, corrosion induite par l'hydrogène, corrosion localisée, MIC microbiologically influenced corrosion... ont été intensifiés pendant ces dernières années en raison du développement économique lié à l'énergie du gaz naturel et du pétrole. Concernant le comportement électrochimique de ces aciers en sol, leur résistance à la corrosion ainsi que des études de modélisation dans des investigations sur site et en laboratoire ont été effectués montrant le problème spécifique de l'endommagement et parfois de donner les solutions. Li, SeonYeob [1.27] montrent que les cas de pics de corrosion rencontrées dans les canalisations de gaz sont de nature chimique et biochimique. Ce sont les sols à faible résistivité, à bas pH acide et potentiel redox, concentrés en chlorures et anaérobics favorisant la croissance des bactéries (BSR) qui favorisent le développement des pics de corrosion. Ils donnent également une Corrélation entre la profondeur maximale de corrosion et les facteurs environnementaux en appliquant des méthodes statistiques. Li, Seon Yeob [1.28] dans leur investigation de recherche en laboratoire par des méthodes électrochimiques et sur site montrent que la corrosion (MIC) est la plus sévère en raison de son type par pics localisés du à l'activité des bactéries (BSR). Amarnath et all [1.29] montrent les effets du traitement thermiques et mécaniques sur la corrosion des aciers de pipelines de grade X-52 dans une solution de Nacl à 3.5% dans les conditions statiques et dynamiques. La variation du taux de corrosion en conditions dynamiques était importante. L'acier recuit présente le maximum de résistance à la corrosion. Li, Yuntao [1.30] en étudiant l'effet des inclusions de Mn et MnS sur la corrosion (SSCC sulfide stress corrosion cracking) des aciers de la canalisation et soudures par effet d'hydrogène. Xu, Chun-chun [1.31], étudient le comportement électrochimique de l'acier X70 de pipeline dans une solution de carbonate – bicarbonate par mesures potentiodynamiques et reprennent les études de Parkins [1.32] sur la SCC favorisée par la présence d'ions HCO_3^-. K.Belmokr [1.33] sur une étude de la corrosion souterraine des structures de pipelines en sol agressif en présence des revêtements primaires en polymères montrent la formation d'un film passif formés par les sulfates et les carbonates sur l'acier nu et qui est différent pour l'eau de mer et le sol. Des études de T.R. Jack [1.34] "NOVA research" et l'université d'Alberta au Canada ont montrés dans leurs travaux de recherche que la corrosion externe et la fissuration sont les menaces majeures et le principal mécanisme de détérioration pour les pipelines enterrés dans les zones géologiquement favorables et peu denses et qui peut réduire l'intégrité structurale des conduites de gaz dans le système de transmission par pipeline de Nova gaz. Les mécanismes exposés sont la fissuration (SCC) induite par l'environnement (EAC), la corrosion influencée par la microbiologie (MIC) aérobic qui représente 27% environ de tous les dépôts identifiés su le système, corrosion (MIC) anaérobic et la corrosion par les sols en donnant les méthodes de détermination de la corrosivité des sols par l'emploi de sonde.

1.3 Protection des aciers de pipeline

Compte tenu du phénomène dangereux de la corrosion sous forme électrochimique des aciers de pipeline en sol, de l'agressivité propre du sol dans lequel la canalisation est posée et de l'existence possible de phénomènes d'électrolyse liés à l'énergie électrique en courant continu, La protection des aciers de pipelines est de soustraire le matériau à l'action du milieu environnant par protection passive en appliquant des revêtements isolants et par protection active complémentaire (protection cathodique) afin d'assurer une protection totale. Les revêtements hydrocarbonés, à base de brai de houille ou de bitume de pétrole ont été les premiers à être appliqués sur les surfaces d'acier de pipelines. Les polyéthylènes extrudés (PE) bi et tri-couches, polyuréthanes (PU) et l'époxyde appliqué à l'intérieur, ont constituent la génération suivante.

Les revêtements hydrocarbonés ont été effectués sur l'acier dès leur premier service en 1976, (abandonnés actuellement au profit de revêtements à base de polyéthylène). Il s'agit de produits composites épais, de 2 à 5 mm, constitués d'une matrice organique hydrophobe, à base de bitume de pétrole ou de brai de houille, et de fibres de renfort inorganiques, de type fibre de verre. Le bitume est un mélange complexe issu de la distillation du pétrole. Les asphaltées sont dispersés dans les maltènes, composés de résines et de composés saturés et aromatiques, conférant une structure colloïdale au matériau. Les constituants des brais de houille sont aussi très variés. Ces deux types de matériaux étaient considérés comme identiques vis-à-vis des propriétés anticorrosion, et classés comme des revêtements de type C, tout en étant par ailleurs de nature chimique totalement différente.

L'emploi des revêtements à base de PE a commencé dès les années 80, grâce à ses meilleures propriétés physico-chimiques intrinsèques, et suite à l'abandon des revêtements hydrocarbonés en raison de leur dégradation. Le PE est une des résines thermoplastiques les plus répandues. Il possède une excellente résistance aux agents chimiques et aux chocs. Ils sont classés en fonction de leur densité qui dépend du nombre et de la longueur des ramifications présentes dans le matériau. Suivant le procédé de polymérisation des monomères d'éthylène (CH_2 - CH_2)n, les polyéthylènes peuvent être dits de "basse densité" (PEbd), ou de "haute densité" (PEhd), linéaires (PEI) ou à haut poids moléculaire. Les PEbd ont de bonnes propriétés mécaniques à l'ambiante, une bonne résistance aux chocs et sont de bons isolants même en milieu humide. Ils ont une bonne inertie chimique et peuvent être utilisés dans l'alimentaire. Les PEhd ont les mêmes propriétés mais sont plus rigides, ils tiennent mieux en température et au fluage. Ils ont un coefficient de frottement plus faible et sont plus transparents.

La protection cathodique a pour rôle de compléter la protection par revêtement dans le cas où celle-ci ne joue plus son rôle de barrière et mettant l'acier à nu en interaction de corrosion avec des produits potentiellement corrosifs. Le principe de la protection cathodique (PC) est de porter le métal à un potentiel inférieur afin de réduire significativement la vitesse de la réaction anodique, donc la corrosion. Deux techniques sont employées pour fournir les courants de protection cathodique, par anode sacrificielle qui consiste à placer la structure à protéger en contact électrique avec une masse métallique, moins noble que l'acier, et de créer ainsi un couplage galvanique favorable à la dissolution de celle-ci au profit de la structure à protéger. La PC par courant imposé utilise un générateur de courant (ou de tension) entre la structure à protéger et un "déversoir". Le potentiel de la canalisation est alors abaissé dans le domaine dit d'immunité.

Vu que le phénomène de défaillance des aciers de pipeline par corrosion et qui représente le pourcentage le plus important des cas rencontrés, les recherches pendant ces dernières années sur la protection ont été orientées suivant deux axes :

- le premier sur les revêtements protecteurs de l'acier en sol répondant aux exigences techniques et aux normes de la protection de l'environnement,
- et le second sur les courants de protection cathodiques en améliorant la distribution.

G., Y.; R. L.; Dagbert, C.; Galland, [1.35] dans une étude en laboratoire, par des mesures de potentielles libres, spectroscopie (EIS), (SEM) et spectroscopie Raman (RS) d'un échantillon circulaire revêtu d'un enduit duplex constitué d'une couche pulvérisée chaude de zinc (environ 50mm) et d'une couche bitumineuse de peinture (environ 100 mm) exposé dans une solution. de Na Cl 6 g.L-1 , simule les conditions des pipes en sol et montrent que la protection galvanique (zinc) et l'influence de la peinture ralentissent la pénétration de l'électrolyte et contrôle le processus de la corrosion (barrière de phys. et résistance électrique). Zhang, L. [1.36] dans des opérations de réhabilitation du réseau chinois de pipelines de gaz et de pétrole sur plus de 20 000 Km après vieillissement sur plusieurs années des revêtements exposant l'acier à des phénomènes de corrosion développe un nouveau type de revêtement à base résine époxyde exempt de solvant. Homann, M. Bayer AG [1.37] et G. Gaillard [1.38] présentent les performances des revêtements polyuréthannes à base de composants d'isocyanate et de polyol sur les aciers de pipelines appliqué en couche simple sans énergie de chauffage ni pour le revêtement ni pour le substrat. La dureté et la durée de fonctionnement sont élevées. Parmi les applications des revêtements en multicouche sur les canalisations souterraines de gaz , Stucke, Walter[1.39], expose l'anticorrosion composé de trois couches, une couche de bioxyde, une couche protectrice comportant le tridymite (85%) et polyisobuthylène , suivi d'une couche de polyéthylène avec un durcissement à chaud (165°). Davydov, [1.40] propose une protection locale en injectant une solution aqueuse régissante de Ca (OH)$_2$ 1.0 -1.5 g/L qui formera avec les ions carbonates et CO$_2$ contenu dans le sol un dépôt protecteur de $CaCO_3$ sur la surface de l'acier. Dans un autre travail les mêmes auteurs utilisent l'injection d'une solution de $ZnSO_4$ de concentration 150 – 160 g/L par 1 dm^3 de surface protégée et par 1 dm^3 de sol. Cette injection est conduite au potentiel de protection cathodique (-0.85 à 1.15 V) par rapport à $CuSO_4$. Li, Kim [1.41] donne une approche statistique pour estimer les profondeurs des pics résultant de la corrosion sous protection cathodique et des revêtements détachés en tenant compte des facteurs chimiques et microbiens du sol environnant. Nonoselova [1.42] utilise pour la protection des aciers de pipelines à faible teneur en carbone et dans des milieux carbonatés exposés dans des milieux agressifs, un revêtement en verre borosilicate contenant SiO_2 45.0-49.0, Al_2O_3 1.5-4.5, CaO 0.5-0.9, CaO 6.0-9.5, ZnO 2.0-4.0, MgO 3.0-6.0, Fe_2O_3 0.1-0.9, et B_2O_3 10.6-14.0% en masse qui d'après les auteurs fournit la plus grande durée de vie. Moran [1.43] évoque le phénomène de fragilisation par hydrogène et corrosion déformation des aciers HSLA micro alliés pour les canalisations enterrées sous protection cathodique. La susceptibilité à la fragilisation a été évaluée par des essais lents de taux de contraintes 10^{-7} 10^{-3} dans une solution de NaCl aux potentiels cathodiques entre -2 et -0.8 V par rapport à l'électrode ESC. Hosokawa [1.44] ont évalués le risque de corrosion par courant alternatif résultant d'un système de transport par rail sur les canalisations enterrées en acier protégées cathodiquement par anodes réactives en Mg. Hong, [1.45] étudie par spectroscopie d'impédance EIS le comportement d'un inhibiteur de corrosion à base imidazole en milieu carbonate dans des canalisations sous écoulement multiphasé. Les paramètres électrochimiques, résistance de transfert, l'impédance de Warburg augmente avec le temps d'exposition ainsi que l'efficacité inhibitrice.

1.4 Conclusions

Les aciers de pipelines par suite des structures enterrées sont exposés à des risques de corrosion particulièrement par corrosion qui se manifeste par des mécanismes électrochimiques. Des modèles d'études de la corrosivité des sols sont basés sur des matériaux comprenant l'acier placés en contact direct avec l'environnement de sol humide et les sels dissous dans l'eau permettent de considérer le sol comme un électrolyte, bien qu'il puisse se distinguer des électrolytes par de nombreuses considérations. Des caractéristiques facilement mesurables telles que la résistivité du sol (ou sa conductibilité), l'humidité ou son pH ont été alors corrélées avec les problèmes de dégradation des matériaux et continuent à fournir des recommandations pour le choix des matériaux, tel que l'emplacement des structures et le choix d'itinéraire. D'autres mécanismes de corrosion tels que stress corrosion cracking, corrosion induite par l'hydrogène, corrosion localisée, MIC microbiologically influenced corrosion... ont été identifiés sur les aciers de pipelines. Ce sont les sols à faible résistivité, à bas pH acide et potentiel redox, concentrés en chlorures et anaérobics favorisant la croissance des bactéries (BSR) qui favorisent le développement des pics de corrosion.

La protection des aciers de pipelines par l'application des revêtements protecteurs de l'acier en sol doivent répondre à des exigences techniques et aux normes de la protection de l'environnement. La protection cathodique peut être améliorée en contrôlant les courants de protection et en améliorant la distribution.

2.1 Introduction

Compte tenu de la localisation géographique éloignée des ressources en énergies fossiles (pétrole et gaz naturel) des centres de consommation, l'acheminement de ces ressources sur de longues distances s'opère par pipelines ou par navigation maritime pour des distances transcontinentales. D'importants réseaux de pipelines ont été construits et se développent toujours. La société algérienne SONATRACH (SH) possède et exploite un réseau de canalisations évalués à plus de 16 000 Km destinés au transport du gaz naturel et produits pétroliers des installations des gisements de Hassi R'mell (HR) et Hassi Messaoud (HM) au sud de l'Algérie vers les ports pétroliers et zones industrielles d'Arzew (AR) et Skikda (SK) au nord. Le réseau gazoducs compte 14 lignes d'une longueur totale de 8629 Km avec une capacité de transport de 142 milliards de m^3/an. La ligne GZ1 de ce réseau assure le transport du gaz naturel depuis HR jusqu'à AR sur une distance de 507 Km.

Des investigations menés sur les tubes [2.1] à la station STT (station de traitement des tubes) que DRC / SONATRACH (direction de réparation des canalisations) à Bethioua (AR) exploite depuis plusieurs années ont montrés la présence de nombreuses défaillances par corrosion localisées ou généralisées et fissuration sous forme de pics de corrosion et fissures. Ces défaillances se sont produites dans le temps et elles se sont développées beaucoup plus sur la paroi externe des tubes en acier. Leur propension à coalescer a crée un défaut suffisant pour conduire à la perforation des tubes. Selon le rapport d'expertise STT [2.4], ces défaillances se sont produites dans les sols agressifs présentant des eaux souterraines salines (MACTA) Mostaganem et dans les sols argileux de type montmorillonite (TEMDA-MEDAREG) Tiaret.

L'objectif de ce travail est de présenter le problème industriel en mettant tout particulièrement l'accent sur l'efficacité de la double protection (cathodique et par revêtements) et sur les conditions d'exploitation de la ligne GZ1, ainsi que sur un travail d'expertise des défaillances afin de fournir les conditions de terrain et les caractéristiques de la piqûration sur lesquelles s'appuieront les travaux de laboratoire.

2.2 Description de la ligne GZ1

La ligne GZ1 est une ligne du faisceau de pipelines connu sous le nom de route multiple assurant le transport du gaz naturel depuis Hassi R'mel jusqu'à la zone industrielle d'Arzew sur une distance de 507 Km, cette ligne a été réalisée entre 1976 et 1979. Elle est constituée de tubes en aciers API (type roulés soudés). La spécification technique API est donnée dans le tableau 2.1. Le tracé a été choisi pour passer à proximité des localités de Laghouat, Tiaret, Relizane et se termine à Arzew (Oran) à l'ouest de l'Algérie. C'est une ligne enterrée à une profondeur variant entre 0.6 et 0.8m.

Les aciers sont protégés des agressions extérieures (corrosion, courants vagabonds...) par un revêtement épais en bitume de pétrole (3 à 6 mm) appliqué sur chantier et renforcé d'un feutre de fibre de verre, et par un système de protection cathodique (CP) dont le protection de protection est de -850mV / Cu/CuSO$_4$.

Des stations (SC) de compression (tableau 2.2) réparties sur la ligne assurent la mise sous pression du fluide gazeux nécessaire à son écoulement. Par voie de conséquence, les tubes sont eux-mêmes soumis à des cycles de pression lors du démarrage des pompes ou la fermeture de vannes. Les paramètres énergétiques d'écoulement du gaz naturel à la sortie des stations sont regroupés dans le tableau 2.3.

Tableau 2.1 – Spécification technique de l'implantation de ligne GZ1 40''

Ligne	Longueur [Km	Diamètre [pouces]	Catégorie	Nuance	Epaisseur [mm]	Masse nominale [Kg/m]	Pk
GZ1 40''	507	40''	III	X60	12.7	275.65	0-288
		40''	II	X52A	12.7	314.18	288-507
		40''	I	X52A	19.05	465.2	Entrée et sortie

Le coefficient d'efficacité de la conduite E = 0.9, la rugosité équivalente est égale à 03 mm, le coefficient global d'échange de chaleur K = 1.889 Kcal/m2 hc, température ambiante 25°C et le débit maximal Qv = 68.9 106 Nm3 /jour.

Tableau 2.2 – implantation des stations de compression, ligne GZ1

Désignation	PK (Km)	Altitude (m)	T (°C) ambiante
HR	0	747	40
SC$_1$ Timzet	75	840	40
SC$_2$ M' seka	146	4025	40
SC$_3$ Medarreg	226	970	40
SC$_4$ Nador	295	1255	35
SC$_5$ Kenenda	397	525	35
AR	507	20	35

Tableau 2.3 – Paramètres énergétiques maximums d'écoulement du gaz
Naturel, ligne GZ1, à la sortie des stations SC (de service)

Ligne	Température Max [°c]	Température Min. [°c]	Pression Max. [bars]	Pression Min. [bars]	Débit [m³/an]
GZ1 40''	81	42	69.6	46.0	15.33 x 106

La pression au terminal HR est de 67 bars et la pression de ligne est de 42 bars.

2.2.1 Aciers de pipelines

Les tubes sont en aciers API 5L (American Petroleum Institute) de grade X60 conformes aux normes de l'époque (1976). Les normes imposent des valeurs maximales pour la composition chimique (tableau 2.4) et des valeurs minimales pour les caractéristiques mécaniques (tableau 2.5)

Tableau 2.4 – Norme API pour la composition chimique maximale des aciers

	C (%)	Mn (%)	P (%)	S (%)	Nb (%)	V (%)	Ti (%)
X52	0.31	1.35	0.04	0.05	0.005	0.02	0.03
X60	0.26	1.35	0.04	0.05	0.005	0.02	0.03

Tableau 2.5 – Norme API pour les caractéristiques
Mécaniques minimales des aciers

	Re (Mpa)	Rm (Mpa)	A (%)
X52	366	464	18
X60	422	527	20

Ces aciers appartiennent à la classe des aciers dits HSLA (High Strength Low Alloy steels). Ils sont caractérisés depuis quarante années par une augmentation de leurs propriétés en vue d'améliorer leur résistance mécanique, leur résistance à la corrosion et leur soudabilité: une haute limite d'élasticité HLE, une bonne ténacité (c'est à dire de la capacité du matériau à résister à toute forme d'endommagement), et à supporter un débit de gaz aussi élevé que possible. Ceci afin d'éviter une augmentation trop importante de l'épaisseur des tubes rendant les coûts de production et d'investissements rédhibitoires. Pour une même classe de matériaux, il est vérifié que la ténacité diminue lorsque l'on cherche à augmenter la limite élastique. Un des enjeux du développement de ces nouveaux aciers pour pipelines a été d'obtenir un compromis entre une haute limite d'élasticité et une ténacité élevée.

Parmi les mécanismes métallurgiques mis en œuvre pour augmenter les performances de ces aciers est l'affinement de la microstructure par diminution de la taille de grain, obtenue grâce au développement des schémas de traitement thermomécaniques de laminage à température contrôlée des tôles TMCP (Thermo Mechanical Controlled Process) des nuances d'aciers ferrito-perlitiques à bas carbone micro-alliées. Les éléments les plus efficaces sont ceux qu'on cherche à diminuer pour des raisons de soudabilité (carbone), ou d'amélioration des caractéristiques de résilience (carbone, phosphore....etc.), le manganèse est le seul élément d'addition qui soit alors favorable mais avec un effet durcissant très limité. L'une des méthodes d'obtention d'une combinaison de haute résistance, de bonne ductilité et soudabilité des aciers est l'affinement du grain ferritique, celui-ci augmente les caractéristiques de traction en particulier la limite d'élasticité. Les facteurs qui interviennent dans le processus d'affinage sont les éléments d'alliages susceptibles de former des précipités fins, les plus utilisés sont Al, Nb, Ti formant des nitrures où des carbonitrures. L'effet des éléments carburigénes tels que (Cr, Mo) est d'augmenter la trempabilité et d'accroître la stabilité du domaine bainitique en retardant la germination de la ferrite. L'addition de ces éléments alliés au Vanadium (V) permet de diminuer notablement la teneur en carbone. Des développements plus complets sur les schémas d'élaboration, microstructures et propriétés résultantes seront reportés en annexe A.

2.2.2 revêtements

Un revêtement est appliqué sur les tubes .Il constitue leur première protection contre les agressions extérieures (corrosion, enfoncement...). Les matériaux bitumineux, dérivés de goudron de pétrole ou de houille peuvent répondre aux caractéristiques exigées d'un revêtement en sol. Les aciers X60 sont revêtus de bitume de pétrole appliqué sur chantier et renforcé d'un feutre de fibre de verre. Il est constitué d'une couche de peinture d'adhérence, dite "primer", appliquée à froid après sablage ou grenaillage des surfaces du tube, une ou plusieurs couches d'émail appliquées à chaud, d'épaisseur de 3 à 6 mm, un enroulement de voile ou tissu de verre noyé dans l'émail chaud afin d'augmenter la tenue et la résistance de la couche.

Ce revêtement doit assurer une protection efficace et de longue durée en constituant une barrière étanche et isolante avec le milieu agressif environnant. Les caractéristiques de ce revêtement est d'avoir une résistance d'isolement électrique élevée (hautement diélectrique) en vue de s'opposer aux phénomènes électrochimiques tel que les potentiels provenant des courants vagabonds et permettre de maintenir des potentiels négatifs à coûts réduits de la protection cathodique (CP).L'intensité moyenne de protection est de 0.01mA/m^2 Il doit être de bonne adhérence et imperméable à l'eau, vapeur d'eau et aux électrolytes contenus dans les sols (perméabilité, résistance chimique et résistance biologique) afin d'empêcher toute pénétration de l'humidité ou réaction chimique ou biologique avec le milieu environnant ou les microorganismes. La résistance mécanique doit être élevée pour supporter sans dommages les contraintes et les sollicitations résultant des opérations de manutention (transport, stockage, pose…) et de résister aux mouvements du sol et aux actions du fluide transporté (température, pression, vitesse…). Il doit résister également au vieillissement.

La constitution chimique des bitumes varie suivant l'origine du pétrole. Les constituants appartiennent aux différentes familles d'hydrocarbures (aliphatiques, cycliques et aromatiques). Les liants dérivés des bitumes de pétrole sont associés à des proportions limites qui confèrent au revêtement les caractéristiques demandées.

Les investigations sur site et à la station STT ont montrés que ce revêtement a subi une dégradation de ses propriétés physiques (décollement, écaillage, perméabilité aux électrolytes et à l'eau..) mettant l'acier à nu en l'exposant aux phénomènes de corrosion. De même ses propriétés diélectriques (réponse à la protection (CP) sont diminuées il a donc vieilli au cours de ces trentaines d'années d'exploitation. Il a été montré que la résistance d'isolement subissait une forte diminution au cours du temps de $10^{12}\,\Omega.m^2$ à $10^6\,\Omega.m^2$ sur une durée de quatre années puis une stabilisation.

Parmi les autres revêtements employés autres que les émaux à base de brai de houille ou de pétrole, les matériaux plastiques en rubans tels que le polyéthylène collés par des enduits sur les canalisations, ou extrudés en usine et les matériaux thermodurcissables. Ces revêtements plastiques offrent l'avantage d'une pose facile, mais pose des problèmes de fragilité et d'adhérence. Les matériaux thermodurcissables, les résines époxy, les peintures polyuréthanes et les résines polyesters ont été introduits lors des opérations de réhabilitation des tubes corrodés.

2.2.3 Protection cathodique

Un système de protection cathodique (CP) est mis en œuvre sur la ligne dans le but de maintenir l'acier des tubes dans le domaine de protection vis-à-vis de la corrosion. C'est un procédé électrique qui, par une modification du potentiel électrique de la canalisation, permet d'arriver à un arrêt des phénomènes de corrosion et ainsi pallier toutes défaillances du revêtement qui pourraient conduire à la mise à nu et à un contact avec les eaux du sol. Le critère généralement admis de protection est de -850mV / Cu/CuSO$_4$. Ce qui modifie les conditions thermodynamiques d'équilibre des réactions ioniques de formation des oxydes de fer. En pratique, ce critère impose de vérifier que le niveau de polarisation des tubes est maintenu en permanence à une valeur plus électronégative. Des champs d'anodes appelées " déversoirs" ou anodes réactives et des postes de soutirage (générateurs de courants) sont répartis tout au long de la ligne avec un espacement moyen de 70 à 80 Km.

Ce système permet de soutirer du courant aux anodes (qui se corrodent) pour le réinjecter dans les zones où l'acier est nu. On utilise pour cela des sources de courant qui peuvent être choisi soit des réseaux de distribution, soit l'effet de pile fourni par l'association avec l'acier d'un métal électronégatif comme le magnésium ou le zinc, et l'on établit un circuit de courant continu entre une prise de terre et la canalisation qui reçoit le courant par le sol. Le magnésium a une différence de potentiel avec l'acier de 1.55V et le zinc seulement 0.32V. Les éléments pour régler les caractéristiques de l'installation sont: le poids de métal réactif des anodes et la surface utile de ces anodes. La force électromotrice étant limitée, on augmentera le courant de protection en diminuant la résistance du circuit c'est è dire en augmentant la surface des anodes réactives L'installation devant être prévue pour une durée de vie déterminée (5 à 10 ans), le poids de métal réactif doit être calculé en fonction des quantités totales d'électricité échangées entre anode et sol, sachant qu'un ampère-heure dissout 0.67 g de magnésium ou 1.51g de zinc en tenant compte d'une marge de l'ordre de 50% de l'autocorrosion des anodes.

La puissance consommée par la protection par redresseurs s'exprime par la relation suivante:

$$p = \frac{1}{\rho}\left(R_L + R_T + R_C\right)I^2 \qquad (2.2)$$

ρ - rendement du redresseur, R_L - résistance du pipeline rapport à la terre, de l'ordre de quelques dixièmes d'ohm, R_T - résistance de la prise de terre, R_C - résistance des câbles de liaison, de l'ordre du dixième d'ohm, I -intensité de courant nécessaire pour protéger une section de longueur déterminée, intensité fixée par l'isolement de la canalisation.

Tableau 2.6 Consommation électrique du faisceau de
Pipes de la "route multiple"

PK	N° Poste	I [amp]	E [volts]	GZ1 40"	GZ0 24"	LNZ1 16"	OZ1 28"
446	31 L	87	31	22	22	11	32
468	32 L	60	20	17	23	20	c/c

Le niveau de polarisation appliqué en un point donné dépend alors de la distance au poste de soutirage le plus prés, du réglage de ce dernier, de la résistivité des sols et de toute autre source susceptible de former un chemin électriquement plus favorable aux courants de protection. De ce fait, le potentiel mesuré sur le terrain n'est pas une grandeur constante tout au long de la ligne.

2.2.4 Pressions

La pression atteinte en sortie de station de compression est au maximum de 69.6 bars ce qui correspond à une contrainte équivalente de 70% de la limite d'élasticité minimale spécifiée (ie la norme) des tubes qui est de l'ordre de 289.1 Nmm^2 pour X60. Les pertes de charge en ligne imposent le positionnement de station de compression tout les 80 Km, dans le but de remonter le niveau de pression à une valeur permettant le transport, quelque soit l'altitude de la zone de traversée. Ainsi la pression appliquée à un tube donné résulte de la pression nominale, des pertes en ligne et de l'altitude. Cette grandeur caractérise la pression de service. Parallèlement à celle − ci il est important de tenir compte du cycle de pression "coups de béliers" qui caractérisent l'onde de choc qui se propage dans un section de tube lors de la fermeture d'une vanne ou le démarrage des pompes. La durée de cet évènement est très courte, mais les valeurs absolues de pression atteinte sont supérieures aux pressions de service. En plus de ces contraintes dues à l'exploitation de la ligne, il est important de prendre en considération les contraintes résiduelles qui peuvent atteindre 25% de la limite d'élasticité.

2.3 Méthodes de détection des défaillances sur la ligne GZ1 40''

La détection des défaillances sur la ligne GZ1 40'' après exploitation est effectué par plusieurs méthodes tel que le contrôle visuel ou le contrôle par méthode non destructif (CND) principalement par ultrasons (outils intelligents) ou par pertes de flux magnétique (MFL) et les techniques pour les opérations d'inspection des revêtements tel que la technique DCVG (Direct Current Voltage Gradient).

2.3.1 Contrôle visuel

Le contrôle visuel est une technique de base essentielle en se basant sur la vérification rigoureuse et les rondes périodiques afin de détecter toute anomalie lors de l'exploitation. Il s'effectue périodiquement aux tests d'étanchéité, pneumatiques et aux épreuves hydrauliques qui comportent aussi des examens visuels pour mettre en évidence des fuites éventuelles. Ceux-ci ne peut se concrétiser par des contrôleurs ayant l'expérience et le savoir nécessaire pour pouvoir identifier les contraintes apparaissant en service (corrosion, érosion, fatigue, fluage , fragilisation par hydrogène et évolution en service des défauts inhérents ou causés par usures). Ce contrôle visuel reste une technique limitée aux surfaces visibles et ne permet pas la caractérisation de tous les défauts. L'état extérieur de la conduite peut donner des informations essentielles à savoir :

- Défauts évidents (comme des pliures, des cassures, l'usure, la corrosion, fissures ouvertes, ...)
- Défauts cachés sous-jacents présentant une irrégularité sur la surface extérieure peut être une indication de défaut plus grave à l'intérieur.
- Prévision des examens approfondis et choix de la technique la plus adaptée en CND (accès, état de surface...)

2.3.2 Contrôle CND

Les contrôles non destructifs ou CND permettent de rechercher des défauts dans les canalisations sans les dégrader en utilisant diverses méthodes telles que l'émission acoustique, Courants de Foucault, Ultrasons, Magnétoscopie... Quelle que soit la méthode adoptée, on peut représenter la mise en œuvre d'un système CND suivant le synoptique suivant :

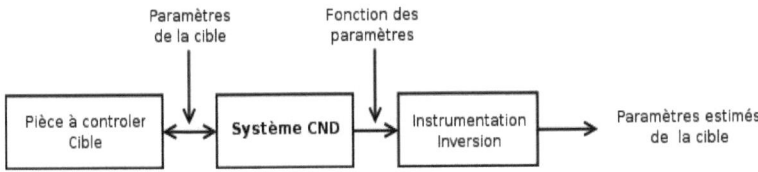

Figure 2.1   Principe de la méthode CND

La cible se caractérise par un ensemble de paramètres qu'on doit chercher à estimer afin de former un diagnostic d'intégrité. La mise en œuvre d'un système CND adéquat va permettre de produire un certain nombre de signaux qui sont fonction des paramètres recherchés. Une étape « d'inversion », est bien souvent nécessaire afin de retrouver les paramètres initiaux de la pièce.

La ligne GZ1a été victime de phénomène de corrosion, la gravité réside dans la vitesse dont elle a évolué (perte de métal très avancé) car elle avait dépassé les estimations. Plusieurs actions ont été lancées pour savoir les états des lignes et prédire leur avenir. En effet le moyen de contrôle qui a été jugé efficace par les spécialistes est le contrôle par ultrasons. La ligne a fait l'objet en septembre 2004 d'une inspection spécialisée par '' group limited Canada'' –PII – en utilisant un outil intelligent MagneScan HR [2.2]

2.4   Expertise de la ligne GZ1

La ligne GZ1 a présenté un état de corrosion avancé qui a provoqué une perte de métal importante dans différents endroits. Selon le rapport d'expertise [2.1] des tubes à la station STT et sur site, les défaillances des aciers se sont produites en surface à des profondeurs variées. Deux types de défaillances de surface ont été examinés :

- Défaillances par piqûration localisée ou généralisée. Leur extension a   été développée suivant la direction longitudinale des tubes et sur la direction axiale.
- Défaillances par fissuration. Les fissures sont orientées dans le sens longitudinal des tubes et parallèles au sens d'écoulement du fluide et perpendiculaire à la direction (circonférentielle) de la contrainte maximale.

Afin de mener les expertises le service technique des canalisations (TRC) a sollicité des experts dans le domaine de l'inspection des canalisations pour voir l'état de ce gazoduc et prendre les actions nécessaires.

2.4.1 Inspection par group limited -PII

Le tronçon reliant la station de compression SC2 Oued M'Seka (W. Laghowat) à SC3 Medarregh (W.Tiaret) a fait l'objet en 2004 d'une inspection spécialisée par des experts canadiens appartenant au '' group limited Canada'' –PII – en utilisant un outil intelligent MagneScan HR [2.2] permettant de réaliser un sondage ultrasonique de l'épaisseur des parois. Un rapport d'expertise a été élaboré définissant à la fois l'état de lieu de la ligne ainsi qu'un plan de remise en service de cette canalisation. Cet outil d'inspection mesure l'épaisseur de la paroi de la conduite à l'aide d'une technique utilisant le temps de réflexion d'ultrasons. Le mesurage faisant appel à cette technique se base sur l'intervalle entre la réflexion des ultrasons renvoyés par la surface de la paroi interne de la conduite (écho d'entrée) et celle de l'écho renvoyé par la surface de la paroi externe (écho de paroi extérieure). L'outil d'inspection interne de mesurage ultrasonique est programmé avant chaque inspection, de façon que seules les impulsions correspondant à un intervalle de temps spécifié soient mesurées et enregistrées afin d'éviter les impulsions mineures qui peuvent déviées les interprétations des résultats. En présence de défaut de corrosion en profondeur de la conduite, celui-ci est indiqué comme étant associé à une atténuation d'écho. Le profil de corrosion est la conséquence des revêtements défectueux qui ne bénéficient pas d'une protection cathodique adéquate dont les causes principales de ces endommagements sont provoquées essentiellement par les roches à l'intérieur du remblai ou par l'affaissement du revêtement qui s'est décollé de la canalisation. Les effets de cette corrosion se traduisent par un état de surface de pipe dégradé qui se mesure par des pertes d'épaisseur à des profondeurs variées. L'analyse a montré que les défaillances des gazoducs sont de diverses natures dont les deux principales sont liées respectivement aux forces externes empiétements et à la corrosion.

Les défauts détectés ont été classés en trois catégories selon la priorité

Priorité 1 : Les défauts qui nécessitent une revue à la baisse des valeurs nominales opérationnelles de la ligne ou son retrait du service.

Priorité 2 : Les défauts qui nécessitent des réparations immédiates.

Priorité 3 : Les défauts qui menacent l'intégrité de la canalisation et nécessitent des investigations.

L'inspection des canalisations géométrique et par piston à fuite de flux magnétique est réalisée en vue :

- Enregistrer les restrictions et les défauts de géométrie de la canalisation et en mesurer les dimensions
- Identifier l'emplacement des défauts de la paroi de la canalisation liés à la perte de métal (corrosion interne ou externe, rayures, ébréchures)
- Détecter les défauts des soudures circulaires
- Détecter les éléments de la canalisation non-soudés (gaines, éléments de supportage, manchons non soudés)

- Enregistrer les éléments de construction et les constructions de réparation de la canalisation.
- Etablir les carnets de soudures pour la partie linéaire du tronçon inspecté

Les défauts identifiés par l'outil intelligent sont comme suit :

- 171306 défauts externes de corrosion qui représentent 93,6% de la totalité de tous les défauts identifiés
- 11499 défauts de fabrication dont 321 externes et 11178 internes
- 111 bosses simples, 15 bosses associées à la soudure à la molette, 29 bosses associées à une perte d'épaisseur et 4 bosses associées à la fois à la soudure, à la molette et à une perte d'épaisseur.
- 34 objets métalliques.
- 1 carter excentrique resserré

Un plan d'action a été mis en œuvre par la direction pour exécuter les recommandations des spécialistes afin de fiabiliser le réseau et augmenter sa durée de vie.

2.4.2 Inspection par la société Weatherford

Une inspection géométrique et par piston instrumenté à fuite de flux magnétique a été réalisée en 2009 par la Société Russe Weatherford [2.3] dans le but:

- enregistrer les restrictions et les défauts de géométrie de la canalisation et en mesurer les dimensions;
- identifier l'emplacement des défauts des parois de la canalisation liés à la perte de métal (corrosion interne ou externe, rayures, ébréchures);
- détecter les défauts des soudures circulaires;
- détecter les éléments de la canalisation non-soudés (gaines, éléments de supportage, manchons non soudés);
- enregistrer les éléments de construction et les constructions de réparation de la canalisation.
- établir les carnets de soudures pour la partie linéaire du tronçon inspecté.

Selon les résultats d'analyses des données il a été identifié ce qui suit :

- ❖ GZ1 40" Tronçon 4 SC3-SC4 :
    - 1877 défauts (perte de métal) de profondeur de jusqu'à 40.5% WT (épaisseur). dont : 1540 intérieures et 337 extérieures
    - 15 défauts de géométrie (enfoncements et rides de cintrage) dont 3 se trouvent dans la zone associée au soudage.
    - Une réparation d'une anomalie de soudure et de deux enfoncements est
    - recommandée d'être effectuée dans un délai maximum de 5 ans
    - Toutes les pertes de métal sont d'origine corrosive
    - La majorité des pertes de métal sont intérieures (82% de l'ensemble).

- Aucune gaine excentrique qui pourrait causer l'endommagement du revêtement isolant de la canalisation n'a été détectée.
- La vitesse d'évolution des défauts de corrosion n'est pas supérieure à 0.1 mm/an.

❖ *GZ1 40" Tronçon 5 SC4-SC5*
- 2686 défauts (perte de métal) de profondeur de jusqu'à 52.8% WT (épaisseur) entre lesquels : 1718 intérieures et 968 extérieures
- 34 défauts de géométrie (enfoncements et rides de cintrage) dont 3 se trouvent dans la zone associée au soudage
- Toutes les pertes de métal sont d'origine corrosive
- la plupart des pertes de métal sont intérieures (64% de l'ensemble)
- Une réparation d'une perte de métal, d'une anomalie de soudure et de deux enfoncements est recommandée d'être effectuée dans un délai maximum de 5 ans.
- 4 gaines excentriques ont été trouvées qui pourraient causer l'endommagement du revêtement isolant de la canalisation.
- La vitesse d'évolution des défauts de corrosion n'est pas supérieure à 0.11 mm/an.

❖ *GZ1 40" Section 6 SC5-TA :*
- 2113 défauts (perte de métal) de profondeur de jusqu'à 53,5% WT (épaisseur) entre lesquels 1472 intérieures et 657 extérieures
- 19 défauts de géométrie (enfoncements et rides de cintrage) dont 7 se trouvent dans la zone associée au soudage.
- Toutes les pertes de métal sont d'origine corrosive
- la plupart des pertes de métal sont intérieures (69.5% de l'ensemble).
- Une réparation des 5 enfoncements est recommendée d'être effectuée dans un délai maximum de 5 ans.
- 8 gaines excentriques ont été retrouvées qui qui pourraient causer l'endommagement du revêtement isolant de la canalisation et dont on recommande de réaliser une vérification des données.
- La vitesse d'évolution des défauts de corrosion n'est pas supérieure à 0.11 mm/an.

Les calculs ont été effectués conformément aux exigences des standards B31G, RSTRENG API 579 (2e NIVEAU), API 579 (2e NIVEAU)

2.4.3 Contrôle des revêtements

Des inspections périodiques selon la réglementation ont été effectuées pour les opérations de contrôle des revêtements [2.4] par des techniques telles que DCVG (Direct Current Voltage Gradient). Elle est employée par beaucoup de sociétés industrielles pour les avantages qu'elle présente en matière de précision de la localisation de défauts, le dimensionnement des défauts et la réduction des coûts de réparation.

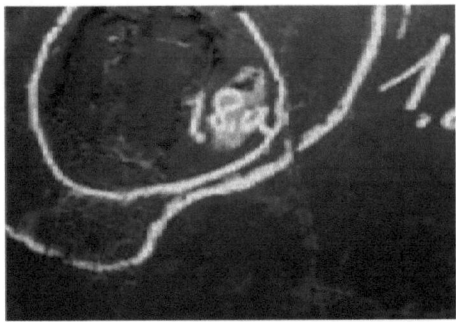

Figure 2.2- Défaut de revêtement détecté sur la ligne GZ1 40'' mis en évidence
Par la technique DCVG

2.4.4 Caractéristiques des aciers de pipelines corrodés

Nous sommes intéressés dans ce travail à rechercher les causes de l'amorçage et la propagation des défaillances par piqûres localisées en surface et en profondeurs dans des zones préférentielles, les paramètres de ligne qui ont permis leur développement en surface ou en profondeur, l'efficacité de la double protection (cathodique et par revêtements), l'atténuation du phénomène et la conduite à mener des actions anticorrosion.

Le taux de corrosion jusqu'à la perforation de l'acier ou la réduction des dimensions pouvant atteindre dans certains tubes plus de 50% comme le montre le profil (figure 2.2) d'un échantillon prélevé de tube endommagé. La figure 2.3 montre une zone corrodée.

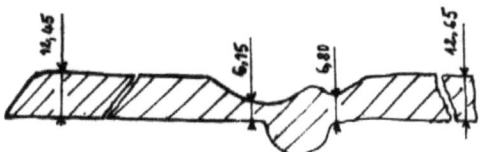

Figure 2.3- Profil d'échantillon de l'acier X60 après défaillance par perte de matière atteignant une réduction de l'épaisseur de plus de 50% au niveau du cordon de soudure.

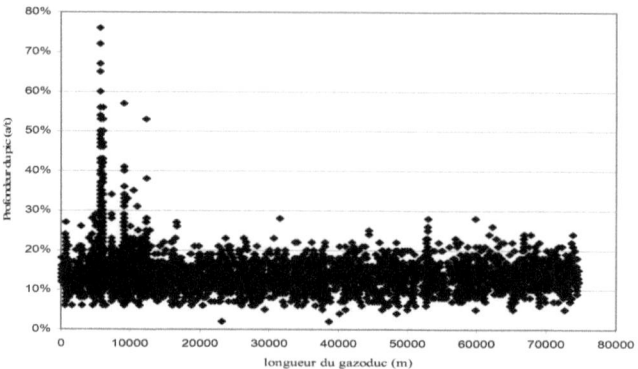

Figure 2.4 Evolution des profondeurs de pics de corrosion le long d'un tronçon GZ1

Les tubes utilisés ont été posés en 1976 .Les aciers de cette époque présentent une propreté inclusionaire médiocre. De fait, le taux de soufre élevé en pourcentage massique et la concentration en manganèse de 1% (en poids) impliquent la présence de nombreuses inclusions de sulfure de manganèse MnS.

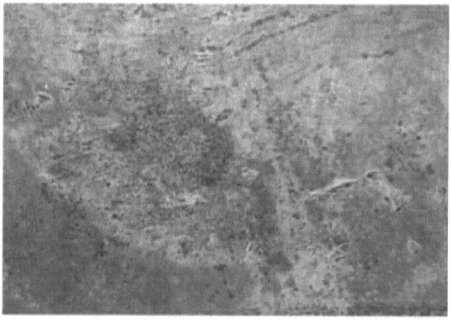

Figure 2.5 – Zone corrodée de l'acier X60 en surface externe du tube

Les premières analyses réalisées ont montré que les tubes en aciers sont conformes aux normes API, aussi bien en termes de propriétés que du point de vue de leur composition chimique.

Les analyses chimiques (tableau 2.6) de coulées de fabrication et de quelques tests mécaniques en sortie d'usine permettent de mieux cernés les caractéristiques réelles des aciers (tableau 2.7).

Tableau 2.7– Composition chimique de différents tubes GZ1 40"

Éléments	C	Si	Mn	P	S	Cr	Mo	Ni	Al	Cu	Ti	V	Sn	Fe	Ceq
$10^{-1}x$	1.99	3.04	15.9	0.16	0.09	0.23	0.01	0.2	0.49	0.15	0.05	0.66	0.02	977	4.8
$10^{-1}x$	1.81	3.13	14.2	0.12	0.15	0.42	0.01	0.25	0.37	0.35	0.05	0.59	0.03	978	4.4
$10^{-1}x$	1.78	3.17	13.3	0.11	0.18	0.1	0.01	0.17	0.42	0.23	0.05	0.02	0.04	980	4.05

L'effet du taux de carbone est réduit en le maintenant à un niveau faible dans les aciers pour tubes (< 0.12 %). Cet élément très peu soluble dans la ferrite (jusqu' 0.022%) se trouve principalement sous formes d'îlots de perlite dans la matrice ferritique. On définit la teneur en carbone équivalent Ceq pour estimer la charge totale en éléments d'alliage (constant et al. 1992). Le taux de carbone équivalent des aciers pour tubes est maintenu en dessous de 0.5%

$$\%Ceq = \%C + \%Mn/6 + (\%Cr + \%Mo + \%V)/5 + (\%Cu + \%Ni)/15 \quad (2.1)$$

La propreté inclusionnaire influe sur les propriétés et particulièrement la résistance à la corrosion. Les inclusions sont généralement des oxydes (Al_2O_3, MgO, CaO..) ou des composés à base de soufre. Dans les aciers anciens, les inclusions de sulfure de manganèse MnS sont les plus nocives. Elles se présentent sous formes de plaquettes allongées par le laminage. Le taux du soufre est à l'origine de formation de ces inclusions. Un relevé du taux de soufre sur les aciers GZ1 indique une grande dispersion et souligne la présence de valeurs élevées (jusqu'à 300ppm). En moyenne, ces dernières sont voisines de 200ppm massiques. La formule de Franklin [2.5] permet d'estimer la fraction volumique inclusionnaire de MnS

$$f_{MnS} = 5.4 \, [S\% - 10^{-3} \, / \, Mn\%] \quad (2.2)$$

Pour l'acier X60 du GZ140",nous trouvons une fraction volumique $f_{MnS} = 11.4 \, 10^{-2}$ %.Cette valeur par rapport à la population inclusionnaire reste faible mais l'effet de corrosion par fragilisation dépendra de leur répartition dans l'acier, leur formes et leurs tailles pour engendrer une diminution dans les propriétés physico-chimiques et une altération de la résistance à la corrosion.

Les aciers de pipelines quelques soit leur microstructure appartiennent à la classe des aciers dits HSLA (High Strength low alloy Steels) sont à bas carbone encore plus faible de tendance de l'ordre de 0.05%, micro alliés au manganèse, nibium, vanadium ou titane qui leur confèrent la formation des précipités carbonitrures avec l'azote et le carbone et l'obtention d'une structure ferritique plus fine en retardant la croissance des grains austénitiques. Ils présentent une haute limite d'élasticité et une bonne ténacité, soudabilité et résistance à la corrosion. Les examens métallographiques (figure 2.3) ont révélé une microstructure fine de type ferrito-perlitique à prédominance ferritique avec des amas de perlite aux joints de grains avec quelques domaines inclusionnaires. L'indice G de grosseur des grains est de l'ordre de 1 à 1.5 micromètres. L'affinement de la taille du grain ferritique augmente la limite élastique et les propriétés de résistance de l'acier. Il a été obtenu par des mécanismes de durcissement qui sont explicités par les travaux de Hall et Petch (1951) [2.7]. La dépendance donnée par la relation (2.3) a depuis été bien vérifiée expérimentalement.

$$\sigma_y = \sigma_0 + K_y / \sqrt{d} \qquad (2.3)$$

σ_y – limite élastique

σ_0 – somme des contraintes de durcissement basé sur le mouvement des dislocations.

K_y – constante qui exprime l'effet de la taille du grain

d – taille du grain ferritique

L'observation au microscope MEB (figure 2.4) n'a pas révélé la présence de microfissures mais une diminution de l'adhérence du revêtement bitumineux et une augmentation de la perméabilité ce qui peut expliquer les phénomènes d'oxydation et la perte de composants à travers la dissolution par l'eau et la biodégradation.

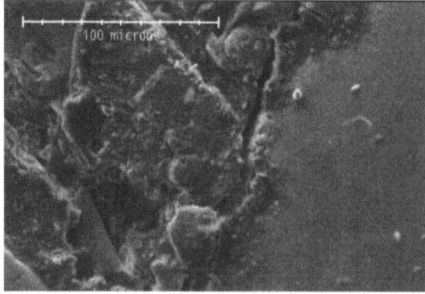

Figure 2.6 – Microstructure fine de l'acier X60 type ferrito –perlitique revêtu d'une couche de bitume montrant une diminution de l'adhérence après exposition dans le sol.

Sous les parties décollées du revêtement à la surface atteinte de corrosion, des analyses au rayon X ont permis de révéler la présence de dépôts d'oxydes $FeCO_3$ et de $FeO(OH)$.

Les essais mécaniques (tableau 2.7) sur coupons coupés des tubes corrodés montrent que l'acier après défaillance par corrosion présente une limite d'élasticité minimale de l'ordre de 468 Mpa avec un allongement de 33%, valeurs qui avoisinent les valeurs de la spécification API. Les valeurs de dureté Brinell (tableau 2.8) en surface interne et externe montrent des irrégularités pouvant être attribués à l'hétérogénéité structurale et la propreté inclusionnaire. La résistance de l'acier (R_m) évaluée d'après la norme AFNOR A03 .173 à partir de la valeur de dureté HB de l'acier et la relation suivante:

$$R_m = 164.71 + 2.222\, HB + (HB)^2 \qquad (2.4)$$

Nous donne une valeur de la résistance : Rm ≈ 562 . Cette valeur est proche des valeurs de la spécification API.

Tableau 2.8 – Caractéristiques mécaniques de différents tubes

	R_e (Mpa)	R_m (Mpa)	A (%)	Z%
1	479	562	33	54
2	468	564	31	53
3	475	559	33	54
4	545	560	27	45

Re – limite d'élasticité, Rm – résistance à la rupture, A – allongement, Z -striction

Tableau 2.9 – Dureté Brinell HB d'un échantillon de tube corrodé d'acier X60

N° Essai	1	2	3	4	5	6	7	8	9	10
Face externe	93	146	166	143	162	131	187	152	148	161
Face interne	148	172	191	170	183	178	130	140	167	162

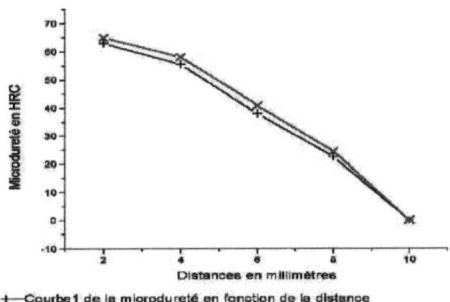

—+—Courbe1 de la microdureté en fonction de la distance
—×—Courbe2 de la microdureté en fonction de la distance

Figure 2.7- Microdureté HRC (Rockwell C) de l'échantillon de tube en acier X60 après défaillance par piqûration montrant une diminution suivant l'épaisseur du tube en allant de la paroi externe présentant une zone corrodée vers la paroi interne.

Les essais de fatigue ont été effectués en flexion rotative sur des éprouvettes toroïdales afin d'éviter tout phénomène de concentration de contraintes ou d'échauffement excessif. Les essais ont été effectués à la fréquence de 5700 t/mn. La limite d'endurance de l'acier après plusieurs essais a été estimée par la méthode de reclassement. La courbe d'endurance ou de Wöhler est donnée en figure 2.6. La valeur trouvée de la limite de d'endurance est σ_d = 315 MPa.

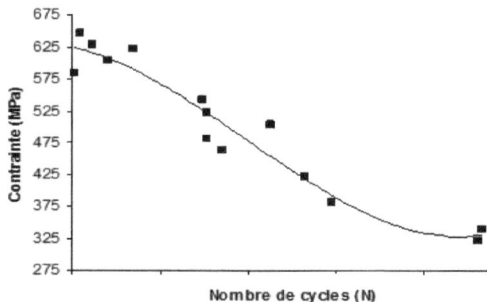

Figure 2.8 Courbe de Wohler de l'acier X60.

D'après les résultats obtenus, l'acier X60 pour pipeline GZ1 présente des caractéristiques de résistance à la corrosion et à toute autre forme d'endommagement mécanique mal grés la présence des défaillances en surface sous forme de piqûration et de fissuration. L'affinement des grains de ferrite dans la microstructure peut expliquer l'amélioration des propriétés de résistance de l'acier. Le niveau de la protection par revêtement et la protection cathodique décidera du développement ou non du phénomène de piqûration ou de fissuration.

2.4.5 *Analyse de la répartition des piqûres de corrosion*

Deux types de zones de piqûration non continues ont été observés. Les premières sont répartis suivant une extension longitudinal (corrosion en surface) et les second suivant une extension axiale (corrosion en profondeur). Ces piqûres sont réparties en trois types:

- Piqûres non continues de corrosions séparées dans la direction de la circonférence mais chevauchant dans la direction longitudinale (figure 2.7).
- Piqûres non continues de corrosions situées sur la même ligne axiale séparée par des pédoncules d'acier (figure 2.8).
- Piqûres profondes non continues contenues dans des surfaces corrodées moins profondes (figure 2.9).

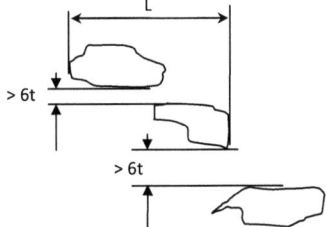

Figure 2.9 – Type 1 de répartition des piqûres non continues de corrosions étroitement espacées dans la direction circulaire mais s'approchent dans la direction longitudinale.
Si t est l'épaisseur initiale du tube on peut estimer que si la séparation circulaire entre zones de corrosion est inférieure à 6t, les piqûres peuvent être considérées comme combinés et actives.

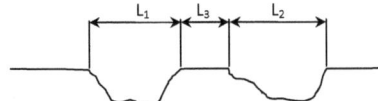

Figure 2.10 – Type 2 de répartition des piqûres non continues de corrosions successives dans la direction axiale séparée par des pédoncules d'acier non corrodé. $\sum L_i$ définissent l'assemblage des piqûres.

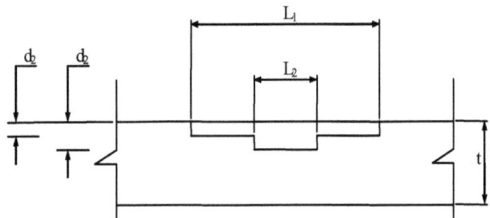

Figure 2.11 – Type 3 de répartition des piqûres multiples non continues
Étendues en profondeur

L'extension circulaire est déterminée sur la supposition d'une contrainte maximale au sommet et à la base du pipe et d'un axe neutre aux cotés latéraux.

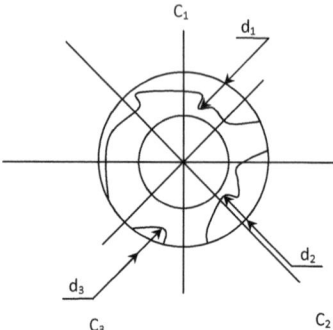

Sommet du pipe

Figure 2.12 – répartition des piqûres suivant une extension circulaire (corrosion en profondeur). $C_1 = \pi$ D/4 est l'extension circulaire au sommet avec d_1 la profondeur max. A la base du pipe, l'extension est $C_1 + C_2$ pour les deux surfaces corrodées séparées par un pédoncule de métal. La profondeur max est d_3

Les figures 2.13 et 2.14 montrent les cas de piqûration en surface sous des revêtements décollés

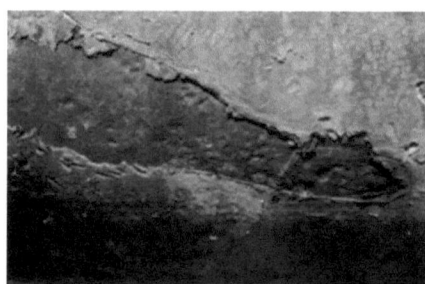

Figure 2.13- Echantillon de tube en acier x60 montrant la dégradation de l'enrobage protecteur en surface et l'amorce de la piqûration.

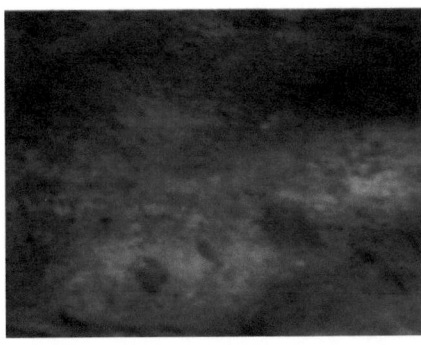

Figure 2.14 Echantillon de tube en acier X60 montrant la propagation d'une corrosion en grande surface.

L'évaluation des profondeurs de pics de corrosion (d), de l'extension axiale et de l'extension circulaire de quelques tubes par mesure aux ultrasons, montre que le taux de corrosion dépend du type de répartition des piqûres de corrosion et de leur interaction axiale ou longitudinale. Les résultats sont reportés dans le tableau 2.10

Tableau 2.10 Paramètres d'évaluation du taux de défaillance par corrosion localisée
(L_p- longueur du pipe, t- épaisseur nominale, d- profondeur du pic de corrosion,   L- extension axiale, C- extension circulaire, X- longueur de métal non corrodé)

N⁰	L_p [m]	t [mm]	d [mm]	L [mm]	L_1 [mm]	L_2 [mm]	L_3 [mm]	X_1 [mm]	X_2 [mm]	C [mm]
1	11.80	12.70	3.0	160	50	40	30	40	40	
2	12.00	12.70	4.5	50						
3	11.60	12.70	d = 5	115						115
4	12.00	12.70	3		20	15	15	55	49	
5	12.05	12.70	3	200						
6	11.85	12.70	3	15						

La profondeur maximale de corrosion pour les tubes analysés (d = 5 mm) correspond à une extension axiale (L = 115 mm) de type 1.

2.4.6 Evaluation de la résistivité du sol.

Le sol environnant est un des indicateurs du risque de corrosion externe des conduites métalliques enfouies. Il dépend non seulement de son caractère minéralogique mais de sa teneur en humidité, pH, composition chimique, résistivité et aération. Le sol peut être considéré comme un système hétérogène de pores avec des caractéristiques colloïdales, l'espace entre les particules du sol peut être remplie avec de l'eau ou du gaz. La corrosivité du sol est considéré comme la capacité de l'environnement à produire et à développer le phénomène de corrosion. La mesure de l'agressivité des sols pour les métaux peut être déduite de la mesure de leur résistivité électrique. C'est le critère d'appréciation le plus fréquemment utilisé. Pour l'acier dans le sol, il est admis que lorsque la résistivité du sol :

est supérieure à 100. $\mu\Omega$, le sol est peu agressif. On mesure des résistivités de 200 à 500 .$\mu\Omega$ et plus dans des terrains pierreux, calcaires ou sables secs.

est comprise entre 50 et 100. $\mu\Omega$, l'agressivité est moyenne. C'est souvent le cas des terrains agricoles, limoneux, légèrement sableux.

est inférieure à 50. $\mu\Omega$, le terrain est agressif. Des terrains argileux et lourds ont des résistivités variant de 15 à 40 $\mu\Omega$. Des terrains salés ont des résistivités de quelques. $\mu\Omega$.

La résistivité du sol permet de déterminer l'agressivité vis-à-vis des structures enfouies. Elle est liée à sa composition chimique, la teneur en eau et la compacité. Une haute compacité rend le sol agressif. La corrosion par les sols dans lesquels les conduites sont enterrées, est liée principalement à la composition du sol.

Les mesures de résistivité entre pK 450 et pK 484 (figure 2.10) effectuées par sonde électronique montrent que les sols argileux particulièrement les sols de type montmorillonite présentent des valeurs faibles de résistivité caractéristique d'un sol agressif. Les résultats sont portés dans le tableau 2.11.

Tableau 2.11 Résistivité et nature du sol de quelques sites de la ligne GZ1 40" entre les points kilométriques PK 450 et PK 484

N°	PK	Résistivité ρ (Ω. Cm)	Nature du sol
1	450	290	Roche calcaire
2	452	012	Argile
3	457	130	Argile mélangée
4	469	008	Argile
5	484	091	Sable mélangée

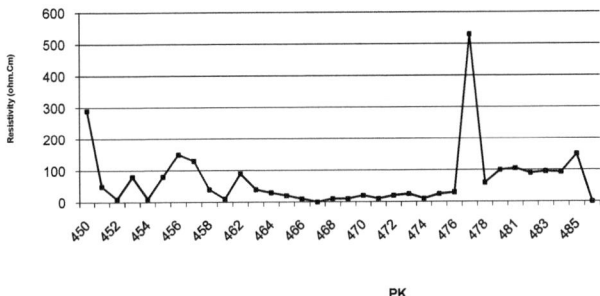

Figure 2.15 valeurs de résistivité du sol déterminé par la méthode de Wenner dans les zones d'endommagement de l'acier X60 (PK 450 – 486) montrant la nature corrosive des sol argileux (résistivité entre 1 et 10)

A partir de ces résultats le sol traversé par le pipe GZ1 40" présente de faible valeurs de résistivité particulièrement dans les sols de nature argileux, caractéristique d'un sol agressif vis-à-vis des structures enfouies en acier. Les sols de nature gravier calcaire présentent une légère augmentation de la résistivité. Des investigations de DRC [2.4] ont montrés que l'argile est du type montmorillonite.

2.5 Conditions électrochimiques et sollicitations mécaniques

A partir des travaux d'expertise précédents, le phénomène fait appel à un mécanisme où l'environnement du sol a une part importante dans les réactions d'oxydation. La reproduction en laboratoire des mécanismes de piqûration et une meilleure compréhension des avaries de service passent par une connaissance des variables environnementales auxquelles sont soumis les tubes (conditions électrochimiques et sollicitations mécaniques)

2.5.1 Polarisation de la ligne GZ1 40"

Le niveau de polarisation de la ligne résultant du système de protection cathodique peut être mesuré en enregistrant la différence de potentiel entre la surface de l'acier des tubes et une électrode de référence (Cu/CuSO4). Le critère généralement admis de protection est de -850mV / Cu/CuSO4. Le potentiel mesuré est dit "potentiel on". Ce dernier prend en compte aussi bien le niveau de polarisation des tubes que les différentes chutes ohmiques (gradient de potentiel dans le sol...), des courants vagabonds ou toutes les influences extérieures pouvant induire une modification du champ de potentiel dans le sol (et par conséquent, une modification des courants traversant l'interface acier/sol). De ce fait, la valeur absolue de cette grandeur a une signification très relative et ne peut être en aucun cas être considérée comme une valeur approchée du potentiel électrochimique à la surface de l'acier.

Une approximation du niveau de polarisation réel des tubes est fournie par des mesures dites de potentiel "off" est une estimation des variations du niveau de polarisation "on" à court terme (quelque minutes). On observe ainsi de fortes différences de l'état de protection cathodique d'une zone à l'autre. Le potentiel "off" peut varier entre -2000mV / Cu/CuSO4 et -600mV / Cu/CuSO4. La majeure partie de la ligne présente une certaine stabilité de la protection cathodique (80 à 100 mV de variations), mais on observe des zones de fortes fluctuations (figure 2.14).

A la lecture de ces premières indications, il apparaît que la polarisation des tubes peut varier entre un état de surprotection cathodique et un état de sous –protection. Cette variabilité peut tout être géographique (d'un point à l'autre de la ligne) que temporelle (à court et/ou long terme). La valeur moyenne sur l'ensemble de la ligne est néanmoins correcte autour de (-840 mV / Cu/CuSO4)

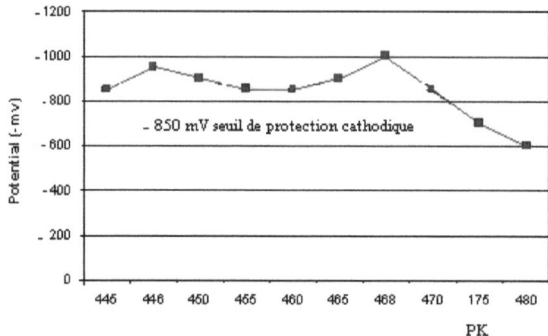

Figure 2.16 niveau de polarisation de la ligne GZ1 40"   entre PK 445
Et PK 480 (PK – point kilométrique)

2.5.2 Contraintes mécaniques

Les cycles de pression et les variations de pression le long de la ligne peuvent développer sur l'acier des contraintes mécaniques où l'acier peut présenter une réponse non élastique [32]. A partir d'une station de compression, les pressions diminuent continuellement à cause de l'altitude et des pertes en ligne (frottement lors de l'écoulement des fluides). De ce fait, des stations espacées régulièrement permettent de remonter le niveau de pression de la ligne.

Les niveaux de contraintes calculés atteints dans les tubes restent faibles en regard de leur limite d'élasticité (environ 50%, en ne tenant pas compte des contraintes résiduelles)

2.6 Conclusions : Caractéristiques de la piqûration

Nous avons décrit dans ce chapitre les défaillances par piqûres de corrosion qui ont conduit à des avaries en service. Elles se sont développées en surface (extension axiale) et en profondeur (extension circulaire). Le milieu environnant du sol particulièrement dans les sols argileux où les valeurs de résistivité sont faibles, l'état structural et de propreté inclusionnaire, les sollicitations mécaniques contribuent à leur amorçage et propagation, notamment au travers d'effets sur leur propension à l'extension longitudinale et en profondeur. Ces piqûres se rencontrent sous des revêtements (bitume de pétrole) détachés, lorsque l'eau contenue dans les sols est en contact avec la surface nu de l'acier.

Le niveau de la polarisation des tubes induit par le système de protection cathodique est très fluctueux, non seulement d'un point à l'autre de la ligne, mais aussi dans le temps sur un point donné. Le revêtement des tubes étant du bitume de pétrole qui n'est pas un isolant électrique parfait (à fortiori après 30 ans) et est donc susceptible de ne pas faire d'écran aux courants de protection qui pourraient alors atteindre la surface des tubes contrairement aux cas rencontrés sur les réseaux de pipelines au canada [2.9], ou les bandes de polyéthylène décollé représentent un écran à la protection (CP), associé à un électrolyte dilué en ions bicarbonates de pH proche de 7. La corrosion importante est associée seulement à des sites où le sol s'assèche périodiquement où les mécanismes peuvent être différents sous forme SCC induite par l'environnement, corrosion MIC anaérobics ou aérobics.

De ce fait, nous sommes intéressés à l'étude de la sensibilité des aciers de pipeline à la piqûration à potentiel cathodique et à potentiel libre dans un milieu électrolytique simulé du sol agressif en reproduisant au laboratoire les conditions qui ont menés à ces défaillances de surface. Bien que cette simulation ne reproduit pas intégralement le phénomène, mais permet de renseigner sur le mécanisme de développement des piqures de corrosion.

Nous présenterons dans le chapitre suivant les méthodes d'étude de la corrosion de l'acier de pipelines en laboratoire en choisissant le milieu adéquat de sol simulé en s'approchant du contexte industriel.

3. Matériels et méthodes

3.1 Introduction

Le précédent chapitre a permis de positionner le problème industriel en présentant notamment l'objectif principal de notre étude qui est de comprendre les mécanismes conduisant, sur site, à l'amorçage et la propagation des piqûres de corrosion en surface externe. Pour ce faire, la première étape sera d'étudier en laboratoire la sensibilité des aciers de pipelines à la piqûration en simulant au mieux les conditions de sollicitations en sol. Dans un second temps, en nous appuyant sur la compréhension des mécanismes de piqûration en laboratoire apportée par ces travaux et, en prenant compte les différences entre la piqûration d'une éprouvette (laboratoire) et d'un tube (site), nous pourrons d'une part en déduire le mécanisme de piqûration sur le site et d'autres part, de proposer des solutions anticorrosion pour la protection des surfaces d'acier enfouies.

L'objectif de ce chapitre est de présenter et de décrire les moyens expérimentaux qui seront utilisés dans le cadre du travail de laboratoire. Dans un premier temps, les matériaux étudiés seront présentés en regard de leur microstructure, leur propreté inclusionnaire et de leur résistance à la corrosion. Dans une seconde étape, les conditions expérimentales relatives au milieu de test, qui ont été définies sur la base des indications du contexte industriel et des méthodes d'études de l'interface métal/solution, les méthodes de mesure directe, weight loss (gravimétrie), les méthodes électrochimiques stationnaires (courbes de polarisation) et les méthodes électrochimiques transitoires parmi lesquelles les mesures d'impédance électrochimique Nous nous intéresserons tout particulièrement au choix du milieu électrolytique de la solution simulée de sol et à la description du banc de test. Le comportement électrochimique et l'interaction de l'acier avec le milieu corrosif de sol seront évoqués.

3.2 Méthodes d'études de la corrosion

L'interface métal/solution est un système complexe. Avant de donner les essais en cellule, nous donnerons un aperçu des méthodes d'étude de la corrosion de l'acier principalement. Chaque méthode de détermination de la vitesse de corrosion conduira donc à une approche différente de cette grandeur, suivant la nature des hypothèses sur lesquelles est fondée la technique utilisée. Les méthodes les plus courantes sont: la gravimétrie, qui est une méthode très ancienne de mesure directe, les méthodes électrochimiques stationnaires (courbes de polarisation) et les méthodes électrochimiques transitoires parmi lesquelles les mesures d'impédance électrochimique. La méthode thermométrique basée sur la variation de la température avec le temps de dissolution du métal a été mise au point par Mylius [3.5] et développée par Shams El –Din et al. [3.6]. Ces techniques sont des méthodes d'évaluation de la corrosion uniforme.

3.2.1 *Analyse gravimétrique (weight loss)*

Cette méthode présente l'avantage de la mesure directe de la vitesse moyenne de corrosion, d'être d'une mise en œuvre simple, de ne pas nécessiter un appareillage important, mais elle ne permet pas l'approche des mécanismes mis en jeu lors de la corrosion. Son principe repose sur la mesure de la perte de poids (Δm) subie par un échantillon métallique de surface S, lorsque celui-ci est immergé pendant le temps t dans une solution agressive. La vitesse de corrosion est exprimée en gramme par centimètre carré et par heure ($g.cm^{-2}.h^{-1}$).

En effet, la vitesse de corrosion V_{corr} est donnée par l'expression suivante :

$$V_{corr} = \frac{\Delta m}{t.S} \ (g.h^{-1}.cm^{-2}) \qquad (3.1)$$

Δm étant la perte de masse exprimée en g, t le temps de la mesure en heure et, S la surface de l'échantillon en cm^2.

Il faut bien noter que la vitesse n'a de signification que lorsque l'attaque est répartie uniformément sur toute la surface.

3.2.2 *Courbes de polarisation*

Le tracé des courbes de polarisation appelées également courbes courant –tension stationnaire est délicat car l'état stationnaire est, dans la plupart des cas, assez lent à s'établir, surtout dans le domaine anodique. Ces tracés sont effectués point par point en maintenant soit la tension fixe (tracé potentiostatique), soit le courant fixe (tracé galvanostatique), de façon à obtenir respectivement un courant ou une tension quasi-stationnaire. Cependant le mode potentiodynamique avec une vitesse de balayage très petite permet d'avoir des conditions quasi – stationnaires [3.7].

La détermination de la vitesse de corrosion à partir des courbes de polarisation dépendra uniquement du type de cinétique régissant le processus électrochimique de corrosion (cinétique d'activation pure, cinétique de diffusion pure, cinétique mixte d'activation –diffusion).

φ *Cinétique de transfert de charge pure*

La cinétique de dissolution due au transfert de charge est explicitée par une loi hétérogène déduite de la cinétique chimique, dans laquelle les constances de vitesse (k) conservent leur signification habituelle.

La valeur de la vitesse de la réaction (v) détermine la valeur du courant de transfert:

$$I = n\, F\, v \quad \text{avec } v = k.\, C^m \qquad (3.2)$$

Où C est la concentration et m l'ordre de la réaction.

En utilisant le modèle du complexe activé on aboutit, pour une réaction de dissolution réversible à l'expression du courant de transfert en fonction de la surtension η de l'électrode et des paramètres cinétiques I_0 et β (courant d'échange à l'équilibre et coefficient de transfert. Cette expression est connue équation fondamentale de BUTLER-VOLMER (pour un électron mis en jeu):

$$I = I_0 \exp.\left(\frac{(1-\beta)\eta F}{RT}\right) - \exp.\left(-\frac{\beta\eta F}{RT}\right) \qquad (3.3)$$

I - intensité globale correspondant à la surtension; η : $E - E_{eq}$ (potentiel appliqué- potentiel d'équilibre rédox); I_0 - courant d'échange correspondant à l'équilibre: Ox + né → Red ;

β - Coefficient de transfert, R - constante de gaz parfaits, T - température absolue; F – constante de Faraday.

Les calculs ont montrés que, pour un potentiel appliqué supérieur de 100 mV par rapport à E_{eq}, nous ne commettons qu'une erreur de 2% en considérant, soit le processus cathodique favorisé, soit le processus anodique favorisé. Dans le cas d'un processus cathodique favorisé :

$$I = I_0 \exp\left(-\frac{\beta\eta F}{RT}\right) = K \exp.1 \,/\, B_c\, E \qquad (3.4)$$

$$1\,/\,B_c = -\frac{\beta\eta F}{RT} \quad \text{et} \quad E = \eta_c + E'_{eq}$$

Si nous prenons le logarithme de cette expression, nous obtenons la relation bien connue de Tafel :

$$E = a + B_c \ln I \qquad (3.5)$$

Où a est une constante. Cette relation montre la linéarité entre le potentiel et le logarithme de l'intensité (I).

Remarquons que pour $E = E_{eq}$ (η = 0) on a $I = I_0$: l'extrapolation de la droite de TAFEL au potentiel d'équilibre fournit le courant d'échange I_0.

De la même façon pour $E = E_{corr}$, l'extrapolation nous fournit I_{corr} (Figure 3.2).

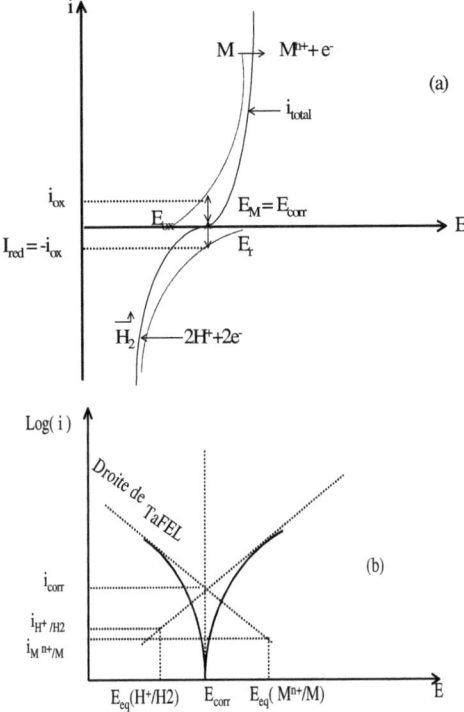

Figure 3.2. Représentation schématique linéaire (a) et semi–logarithmique (b) des courbes courant-tension caractéristique d'une cinétique de transfert de charge pure.

φ Polarisation en régime de diffusion pure

En polarisation de diffusion, la concentration de l'espèce réactive à la surface de l'électrode est gouvernée par l'équilibre dynamique entre la consommation de cette espèce par la réaction et son renouvellement à la surface par diffusion convective. Cet équilibre détermine la valeur de la concentration C de l'espèce à la surface de l'électrode et la valeur du flux de diffusion (J) de cette espèce au niveau de l'électrode.

Les travaux de Levich [3.8] ont permis de développer des équations qui prennent en compte simultanément un transport convectif et la diffusion moléculaire. L'expression du flux maximum, dans des conditions hydrodynamiques proches des hypothèses de Nernst avec δ_N ‹ δ peut s'écrire:

$$J_{max} = 0.62 . D_j^{2/3} . v^{-1/6} \omega^{1/2} C_0 \qquad (3.6)$$

La figure 3.3 est une représentation schématique d'un contrôle diffusionnel en termes de courbes individuelles. Dans ce cas particulier, la courbe cathodique (rendant compte de la réduction de l'espèce électroactive) au niveau du palier de diffusion correspondant à l'intensité de courant limite de diffusion : I_L

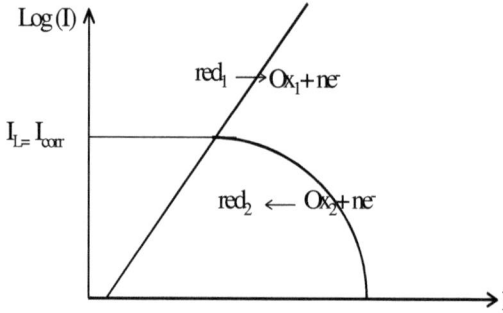

Figure 3.3 Représentation schématique d'un contrôle diffusionnel pur en termes de courbes individuelles
($I_{corr} = I_L$).

φ Contrôle mixte

La figure 3.4 représente un processus électrochimique de corrosion sous contrôle mixte d'activation- diffusion. Dans ce cas, l'intersection des courbes individuelles n'a plus lieu au niveau du palier mais dans la partie ascendante de la courbe cathodique.

On voit que la considération de I_L conduirait à une valeur par excès de I_{corr}; d'autre part, du fait de l'influence de la diffusion, aucune droite de TAFEL ne peut être directement mise en évidence dans le domaine cathodique. Néanmoins, on arrive à faire apparaître le plus souvent la droite de TAFEL en effectuant une correction de la diffusion par application de la formule bien connue [3.9] :

$$\frac{1}{I} = \frac{1}{I'} + \frac{1}{I_L} \qquad (3.7)$$

Où I'- densité de courant corrigé de la diffusion ; I – densité de courant correspondant au processus mixte et I_L - densité limite de diffusion.

La méthode des courbes de polarisation permet une mesure assez rapide de la vitesse quasi instantanée de corrosion (I_{corr}), le potentiel de corrosion (E_{corr}), les pentes de Tafel, la résistance de polarisation (R_p), les courants limites de diffusion. Elle est suffisamment sensible et précise pour déterminer à la fois les fortes et faibles vitesses de corrosion en ne rendant pas compte des étapes les plus lentes intervenant à l'interface métal / solution. En conséquence, nous avons tenté, à l'aide d'une méthode électrochimique non stationnaire basée sur la détermination de l'impédance électrochimique, d'approcher les différents processus pouvant intervenir lors de la dissolution de l'acier en milieu corrosif du sol.

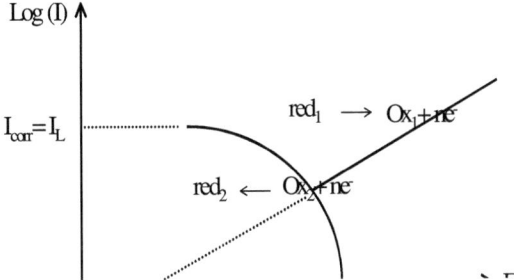

Figure 3.4   Représentation schématique d'un contrôle mixte (transfert de charges –diffusion) en termes de courbes individuelles ($I_{corr} < I_L$).

3.2.3 Spectroscopie d'impédance électrochimique

φ Principe

Cette technique consiste à mesurer la réponse d'un système électrochimique soumis à une perturbation sinusoïdale de faible amplitude. Le système étant auparavant dans un état stationnaire. L'analyse de la réponse du système peut renseigner sur l'ensemble des processus élémentaires se déroulant à l'interface.

Historiquement   l'utilisation de l'impédance Z et/ou de l'admittance Y dans l'analyse de la réponse d'un circuit électrique composé d'éléments électriques idéaux (R,L,C), remonte au début de la discipline du génie électrique. Z et/ou Y ont été utilisés dans l'étude théorique des semi-conducteurs et les systèmes ioniques [10] depuis, 1947, (Randels 1947, Jaffé 1952, Chang et Jaffé 1952, Macdonald 1953, Friauf 1954).

Les diagrammes d'impédance tracés dans le plan complexe sont souvent appelés diagrammes de Nyquist, cette appellation désigne une présentation graphique dans le format polaire utilisé dans l'évaluation de la stabilité d'un système de contrôle automatique (systèmes asservis) et concerne les fonctions de transfert. En effet, par un balayage en fréquences du signal sinusoïdal perturbateur, les mécanismes sont découplés et apparaissent séparément en fonction de leur constante de temps.

Les méthodes transitoires peuvent être classées en deux catégories : la méthode de perturbation de grande amplitude (voltamétrie) et la méthode de faible amplitude (impédance électrochimique).

La réponse d'un système physique à une perturbation de forme arbitraire peut être, dans le cas le plus général, décrite par la fonction de transfert suivante :

$$H\ (s) = \frac{\overline{E}(s)}{\overline{S}(s)} \qquad (3.8)$$

Où s – variable de Laplace; $\overline{E}(s)$ La transformée de   Laplace du signal d'entrée dit aussi signal d'excitation; $\overline{S}(s)$ La transformée de Laplace du signal de sortie

Si on considère un système dont le signal d'excitation est un potentiel et la réponse est une intensité, la fonction de transfert reliant ces deux signaux devient :

Devient :
$$H(s) = \frac{\overline{E}(s)}{I(s)} \qquad (3.9)$$

Où s – variable de Laplace; $\overline{E}(s)$ La transformée de Laplace du potentiel; $I(s)$ la transformée de Laplace du courant.

Pour un signal d'excitation sinusoïdal on obtient:

$$H(s) = \frac{F[E(t)]}{F[I(t)]} = \frac{E(j\omega)}{I(j\omega)} \qquad (3.10)$$

Où F – transformée en série de Fourrier; $\overline{E}(j\omega)$ Le potentiel sinusoïdal; $I(j\omega)$

Cette fonction de transfert peut être identifiée comme étant une impédance $Z(j\omega)$ [3.10]. Comme ce sont des quantités vectorielles, $H(j\omega)$ et $Z(j\omega)$ sont des nombres complexes fournissant des informations sur l'amplitude et la phase. A l'exception du cas ou d'un système se comportant comme une résistance pure, la réponse de l'interface électrochimique (son impédance) est liée à la fréquence du signal excitateur. La variation de cette fréquence permet alors de tracer, dans le plan complexe, le diagramme de Nyquist. En fonction des caractéristiques du système étudié, ce diagramme sera composé d'un ou de plusieurs arcs de cercles. La convention adoptée en électrochimie reporte les valeurs négatives de Im (Z) dans le quadrant supérieur droit. Un arc de cercle situé dans ce quadrant traduit un comportement capacitif de l'électrode. Inversement, les valeurs positives de Im (Z) sont reportées selon cette convention dans le quadrant inférieur droit. Ils traduisent un comportement inductif. Le comportement capacitif est systématiquement observé aux fréquences acoustiques. Il résulte de la formation, par migration de charges, de la double couche électrochimique. Cette dernière possède une configuration similaire à celle d'un condensateur. Ce comportement seul ne représente pas toutes les réactions interfaciales : on décompose alors l'impédance de la façon suivante :

$$\frac{1}{Z} = \frac{1}{Z_f} + j\omega C_{dl} \qquad (11)$$

Z_f est l'impédance faradique de l'interface électrochimique. Elle englobe tous les phénomènes représentatifs des réactions interfaciales.

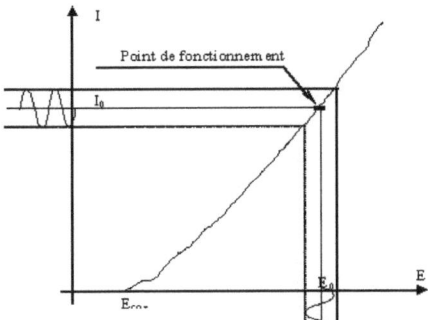

Figure 3.5 Excitation sinusoïdale de l'interface électrochimique autour
d'un point de fonctionnement choisi

Lors de l'utilisation du diagramme de Nyquist, c'est à dire la représentation de la partie imaginaire de Z_f en fonction de sa partie réelle, la détermination de R_p(résistance de polarisation) correspond théoriquement au point d'intersection de la courbe avec l'axe des abscisses. Cependant, lors de l'étude des systèmes électrochimiques par impédance, ces diagrammes sont souvent plus complexes puisqu'il peut exister plusieurs constantes de temps qui se traduisent par la présence de plusieurs boucles capacitives représentant soit la résistance ionique avec une capacité de l'ordre de 10^{-9}F, la résistance de transfert de charges avec une capacité de l'ordre de 10^{-6} F ou la diffusionnelle avec une capacité de l'ordre de 10^{-3}F ou inductives. La mesure de l'impédance permet ainsi, de déterminer le comportement électrique de l'interface électrochimique en lui associant un circuit électrique équivalent. Ce dernier est composé d'éléments électriques idéaux et conduit au même diagramme de Nyquist que celui obtenu par l'interface électrochimique. Il est à noter que ce circuit équivalent n'est généralement pas unique. Plusieurs circuits équivalents peuvent donner les diagrammes.

La figure 3.6 présente des digrammes de Nyquist simples et les circuits électriques équivalents correspondants. Le diagramme de la figure 3.6a peut être obtenu en utilisant le circuit équivalent composé de la résistance d'électrolyte R_e, de la résistance de polarisation R_p, et de la capacité de l'interface électrochimique C. Le diagramme de la figure 3.6b, quant à lui, en plus des éléments du circuit équivalent de la figure 3.6a, comporte une impédance de Warburg décrivant des phénomènes de diffusion.

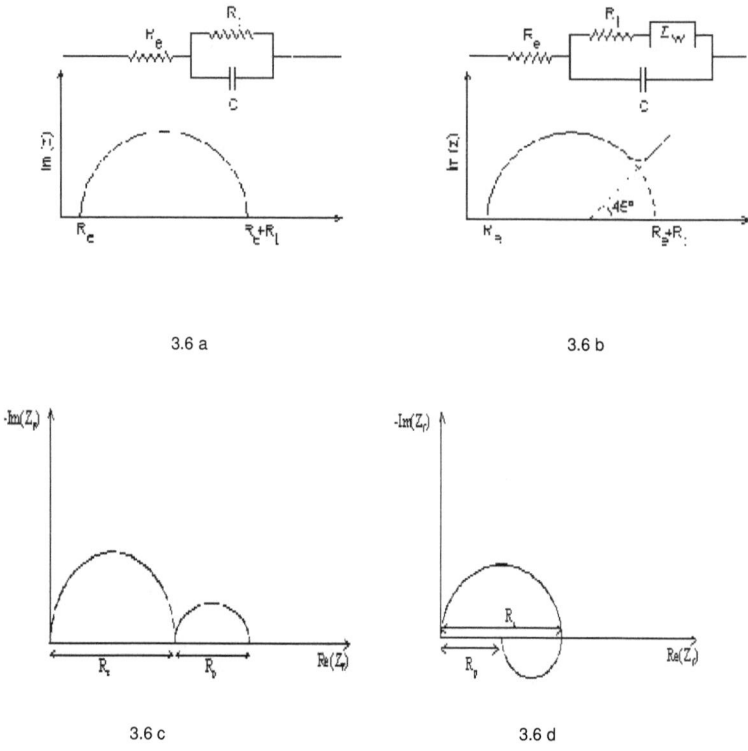

3.6 a   3.6 b

3.6 c   3.6 d

Figure 3.6 : exemples simples de diagrammes de Nyquist

Les boucles à basse fréquences qui sont attribuées aux phénomènes de surface, adsorption d'intermédiaires réactionnels (figure 3.6 c) ou processus de diffusion de surface (de l'ordre de 10^{-3} F) (figure 3.6d). De tels diagrammes ont été étudiés par Epelboin et al [3.11]. Pour déterminer i_{corr}, ils proposent d'utiliser R_t, défini ci dessous, à la place de R_p dans la relation de Stern-Geary.

$$R_t = \lim_{\omega \to \infty} Re\{Z_f\}_E \qquad (3.12)$$

R_t est alors supposée rendre compte du seul processus faradique et donc de l'avancement des réactions mises en jeu par la corrosion du fer ; elle doit aussi permettre une meilleure corrélation avec les autres résultats, comme les pertes de masse.

Une cellule électrochimique peut être représentée par un modèle purement électrique : soit un ensemble de capacités et de résistances appelées schéma équivalent. Par exemple, un modèle simple associe la résistance de l'électrolyte R_e, la capacité de la double couche C_{dl} et une impédance faradique propre aux processus électrochimiques Z_f. Cette dernière comprend une résistance de transfert de charge R_t et une impédance de diffusion Z_d (Figure 3.7).

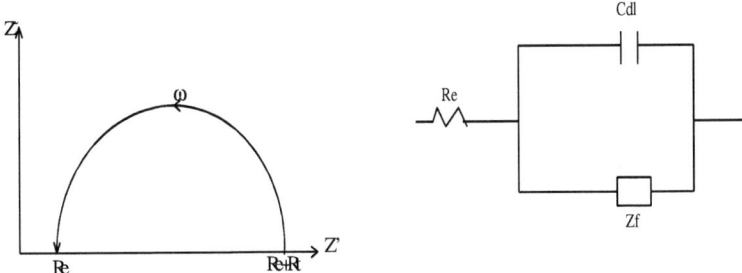

Figure 3.7   Circuit équivalent et spectre d'impédance dans le plan d'une cellule électrochimique.

Où , C_{dl} - capacité de double couche; R_e - résistance de l'électrolyte; R_t - résistance de transfert; Z_f - impédance faradique; R - composante réelle de l'impédance électrochimique; Z - composante imaginaire de l'impédance électrochimique.

φ *Discussion sur les apports théoriques des mesures d'impédance*

Les limitations de la spectroscopie électrochimique d'impédance sont principalement liées aux possibles ambiguïtés d'interprétation. Une complication importante vient du fait qu'un circuit électrique équivalent composé d'un nombre fini d'éléments électriques idéaux présentant des propriétés physiques constantes, ne permet pas, souvent, une bonne approximation de la réponse électrique de l'interface. De plus, un circuit équivalent composé de trois éléments ou plus, peut être réarrangé de différentes façons en gardant exactement la même impédance.

L'analyse de la réponse d'une interface montre que pour les principales situations cinétiques envisageables, avec l'une et l'autre des deux réactions élémentaire de la corrosion, les processus qui contribuent à faire varier l'impédance faradique Z_F dans le domaine des basses fréquences, sont précisément les mêmes que ceux qui éloignent la caractéristique stationnaire des lois exponentielles utilisées pour établir la formule de Stern et Geary.

Une détermination classique de i_{corr} utilisant R_p (mesure en polarisation linéaire continue à très basse fréquence) risque donc d'intégrer d'autres mécanismes de polarisation qui interviennent en plus du transfert de charge. Si c'est le cas, est amené aux mêmes inconvénients de la méthode de Stern (tracé des courbes de polarisation) et alors on ne peut calculer i_{corr} en associant à R_p des coefficients cinétiques qui relèvent uniquement du transfert de charge.

Le principal apport des mesures d'impédance est de pouvoir séparer les composantes de R_p pour retenir la seule composante R_t qui soit compatible, quel que soit le système et sa situation cinétique avec la formule générale de Stern [3.12]

$$i_{corr} = 1 / 2.303. \; b_a \; b_c / b_a + b_c. \; 1 / R_t \qquad (13)$$

3.3 Essais en cellule électrochimique

3.3.1 Matériaux d'étude

Dans le cadre de cette étude, nous avons choisi de nous intéresser à l'acier de pipeline micro allié C-Mn. Il est représentatif des tubes posés sur la ligne en 1976 et sur lesquels des défaillances en surface externe par corrosion sous forme généralisée et localisée par pics ont été détectées. Les tubes de diamètre 40 pouces sont soudés en spirale. Ils ont été fabriqués selon les normes API des tubes de grade X60 - 5L par l'usine algérienne de sidérurgie d'Annaba (Algérie) par des techniques d'amélioration de la microstructure par durcissement et refroidissement contrôlé. Les tubes sont conformes aux propriétés mécaniques requises .La composition chimique est indiquée en tant que limites maximum de quatre éléments, carbone, manganèse, phosphore et soufre. La composition et la microstructure peuvent changer de manière significative entre les pipes. Ces variations ont comme conséquence des différences dans les performances de l'acier dans un régime de corrosion.

Les échantillons d'acier ont été obtenus de la société algérienne de production et d'exploitation des hydrocarbures (SONATRACH - BETHIOUA). Ils ont été prélevés par oxy - coupage des tubes endommagés par corrosion en cours de traitement des opérations de maintenance à la station STT (station de traitement des tubes). Les coupons issus de ces oxy – coupage ont fait l'objet d'une découpe de trois plans de coupe par scie avec refroidissement à l'eau afin d'éviter toute défaillance thermique du matériau pouvant nuire aux analyses électrochimiques et micrographique. Les produits de corrosion ont été prélevés auparavant et ont fait l'objet d'analyse par rayon X. Les plans de coupe ont été choisis selon les directions longitudinales et axiales du tube (figure 3.1). Cette méthode de prélèvement a été employée pour une meilleure évaluation de la microstructure et des tests électrochimiques.

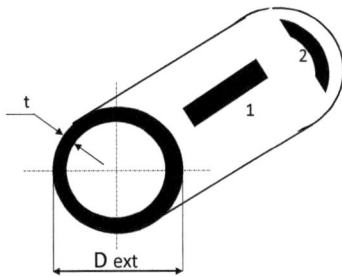

Figure 3.1 Schéma de prélèvement des éprouvettes pour les essais
1-longitudinale ; 2- transversale

Les sections sont enrobées puis polies par papier émeris de granulations 600 – 3000 et attaquées au Nital 2% avant d'être examinées et balayées au microscope électronique à balayage type JSM 5300. La composition élémentaire a été déterminée par spectroscopie d'émission (tableau 3.1). Les valeurs mesurées ont été comparées aux valeurs de la norme API.

Tableau 3.1 - composition chimique du matériau d'étude.

	C (%)	Mn (%)	P(%)	S(%)	Cr (%)	V (%)
X60	0.199	1.59	0.016	0.018	0.015	0.004

Il est à noter que l'acier présente une concentration en carbone élevée par rapport aux normes sur les de pipelines où la teneur n'excède pas 0.12%, et un taux en soufre important (0.018 % en poids, soit 180 ppm). Le vanadium présent dans l'acier a un effet durcissant.

Les examens métallographiques (figure 3.2) ont révélé une microstructure fine de type ferrito-perlitique à prédominance ferritique avec des amas de perlite aux joints de grains avec quelques domaines inclusionnaires particulièrement de sulfure de manganèse.

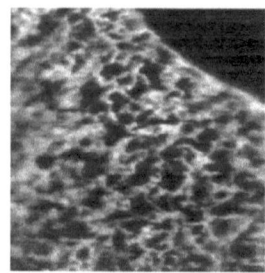

1,5µm

Figure3.2 – Micrographie de l'acier X60 montrant une microstructure fine de type ferrito-perlitique à prédominance ferritique avec des amas de perlite aux joints de grains vue sur microscope optique Reichert de type MeF2

3.3.2 Choix du milieu de test

Le matériau d'étude étant défini, le milieu électrolytique pour les tests électrochimiques a été choisi parmi les compositions chimiques obtenues du sol présentant une corrosivité élevée. On s'intéressera particulièrement aux critères de choix de la solution de test.

Les analyses des électrolytes contenus dans les sols traversés par la ligne GZ1 ont mis en évidence la présence en proportions variables de bicarbonates et dans une quantité moindre de chlorures et de sulfates. Une analyse du sol a été effectuée sur plusieurs échantillons prélevés. L'extrait de sol a été préparé selon la norme AFNOR A–05.250 P.278. Les masses de sol prélevées de différents sites (S_i) ont été dissoutes dans une quantité d'eau distillée. Les extraits obtenus ont fait l'objet de microanalyse par spectrophotométrie d'absorption. La composition chimique des différents sites est reportée sur le tableau 3.2.

Tableau 3.2 Composition chimique de l'extrait de sol corrosif de
Différents sites S_i de la ligne GZ1

Sites S_i	Masse (mg/L)					
	Ca^{2+}	Mg^{2+}	K^+	Cl^-	SO_4^{2-}	HCO_3^-
S1	94.60	56	7.6	76.9	736	117
S2	18.96	16.44	11.7	47.33	458.4	183
S3	-	-	6	7.8	74	218

Des excavations de sites, réalisées sur le réseau de pipelines Algérien [3.1] ont permis de déterminer quelques compositions chimiques typiques (tableau 3.3). Le critère d'agressivité de l'acier adopté est principalement les teneurs en chlorures et en sulfates. La reconstitution de la composition chimique du sol agressif d'après ces résultats est regroupée dans le tableau 3.4.

Tableau 3.3 - Composition chimique du sol le plus agressif choisi parmi

Plusieurs sites algériens de pipelines (d'après Belmokre ,1998)

Site	Masse (mg/Kg)					
	Ca^{2+}	Mg^{2+}	K^+	Cl^-	SO_4^{2-}	HCO_3^-
	3780	5808	819	13774	55104	122

Tableau 3.4 - Composition chimique de solution agressif du sol de pipelines

Algérien (d'après Belmokre ,1998)

Composition g/L	
K_2SO_4	1.82
Na_2SO_4	37.48
NaCl	22.69
$NaHCO_3$	0.16
$Mg SO_4$	29.04
$Ca SO_4$	2.00

D'autres investigations, réalisées au Canada [3.2] à la surface de tubes endommagés ont permis de déterminer quelques compositions de même type. Celles –ci, nommées NS_1 à NS_4 sont décrites dans le tableau (3.5)

Tableau 3.5 - Composition chimique de solutions représentatives
Des conditions industrielles

Composition (mg/L)	Dénomination			
	NS1	NS2	NS3	NS4*
KCl	149	142	37	122
NaHCO$_3$	504	1031	559	483
CaCl$_2$.2H$_2$O	159	73	8	181
MgSO$_4$.7H$_2$O	106	254	89	131

Nous avons choisi pour notre étude une solution d'essai représentative des conditions de terrain dite NS$_4$, choisie également par plusieurs auteurs qui se sont intéressés à l'étude du phénomène d'endommagement des aciers de pipeline dans une solution de " near –neutral pH " . Cette solution possède naturellement un pH compris entre 8 et 8.5. Or les analyses de sol ont mis en évidence, la présence de pH compris entre 6 et 8. Cette valeur, basse pour les tubes soumis à une protection cathodique génératrice d'alcalinité (via la génération d'ions hydroxyles), s'explique selon les auteurs [3.3], par la présence de CO_2 gazeux dissous dans l'électrolyte. En laboratoire, Parkins [3.4] a montré qu'un bullage de CO_2 gazeux dans une solution aqueuse permettrait d'ajuster le pH du milieu. Ce dernier est contrôlé par la pression partielle de CO_2 (pour une densité de courant de polarisation cathodique et une géométrie de confinement donnée).

De plus, les tubes étant enterrés à environ 1 m de profondeur et les oxydes rencontrés à la surface (Fe_3O_4) étant caractéristique d'un milieu pauvre en oxygène. Il a été décidé de désaérer la solution de test. Dans la pratique un bullage d'azote a été réalisé.

Dans le cadre de cette étude, nous avons choisi le milieu électrolytique NS$_4$, comme la solution de test et représentative des conditions de l'environnement de la ligne, dans laquelle un bullage continu d'un mélange de 93% N$_2$ – 7% CO_2 permet la désaération et l'ajustement du pH à une valeur voisine de 6.7. Notons que cette valeur est compatible avec des mesures relevées sur la ligne GZ1, même si des valeurs beaucoup plus alcalines ont également pu être enregistrées.

3.3.3 Dispositif expérimental

Pour mesurer l'impédance d'un système électrochimique, nous utilisons un potentiostat modèle Z computer et on superpose au potentiel stationnaire une perturbation sinusoïdale fournit par un générateur programmable en fréquence, incorporé à l'analyseur de fonction de transfert (système Taccussel) (Figure 3.8). Ce dernier possède deux canaux, permettant ainsi de mesurer simultanément le potentiel et l'intensité du courant. L'analyseur détermine les parties réelles et imaginaires de ces deux quantités. Les donnés sont transférées dans la mémoire d'un ordinateur, ce qui permet ensuite de tracer les diagrammes d'impédance (diagramme de Nyquist).

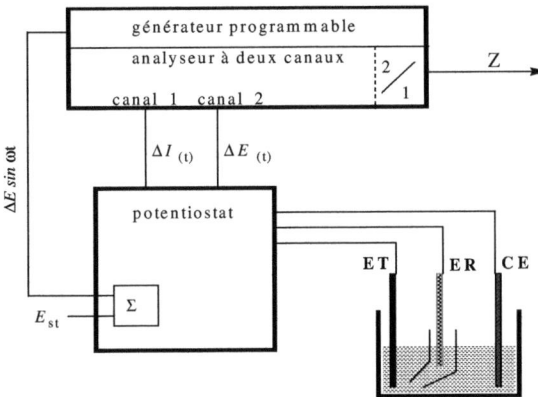

Figure 3.8 Mesure d'impédance à l'aide d'un analyseur de fonction
de transfert, sous contrôle de potentiel.

La figure 3.9 montre le principe de la méthode. Un générateur fournit un signal sinusoïdal $X_{(t)}= X_0$ Sin (ωt). La réponse du système étudié est un signal S(t) qui diffère de X(t) par sa phase et son amplitude. L'analyseur multiplie S(t) avec un signal de référence, en phase avec X(t) ou décalé de $90°$. L'intégration entre 0 et t', t' étant un multiplie de la période du signal, fournit la partie réelle S_{Re} et imaginaire S_{im} du signal $S_{(t)}$ [3.13].

$$S_{Re}= \frac{1}{t'}\int_0^{t'} S(t)\ \sin(\omega t)\ dt \qquad (3.14)$$

$$S_{im}= \frac{1}{t'}\ S(t)\ \cos(\omega t)\ dt \qquad (3.15)$$

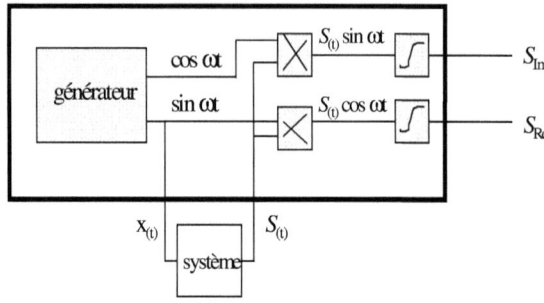

Figure 3.9. Principe de fonctionnement d'un analyseur de fonction de transfert

L'intégration élimine les harmoniques de S(t) et le bruit de fond, pour autant que le temps d'intégration soit suffisamment long. En pratique, il faut trouver un compromis entre la précision de la mesure et la durée d'intégration.

Un montage à trois électrodes (figure 3.10) est utilisé pour les mesures électrochimiques:

- électrode de travail (ET)

- électrode de référence (ER) au calomel saturé (E.C.S.),

- contre électrode de grande surface en platine (CE).

Ces électrodes sont reliées à un ensemble composé d'un potentiostat, d'un enregistreur de courant et d'un millivoltmètre électronique de très haute impédance d'entrée qui permet la détermination des courbes (I, E) et les courbes d'impédances.

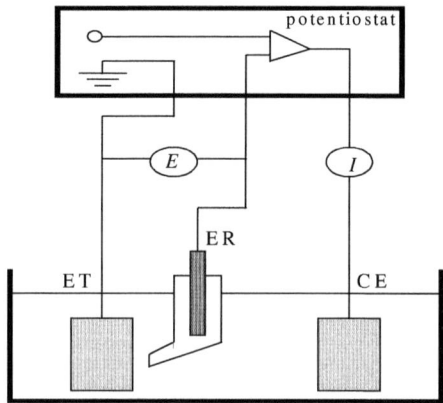

Figure 3.10 Essai en cellule - Montage pour les mesures des courbes de polarisation potentiodynamique et les courbes d'impédance (ET : électrode de travail, ER : électrode de référence, CE : contre électrode).

Figure 3.11 cellule électrochimique

3.3.4 Mode opératoire

Les surfaces des échantillons d'aciers X60 ont fait l'objet d'un traitement préliminaire de surface par polissage au papier émeris de granulométrie 600- 1200 puis un rinçage à l'eau bi distillée, et dégraisser par l'éthanol sec en dispositif ultrasonique à la température ambiante. Tous les essais ont eu lieu à 30± 1 °C. La température étant stabilisé par un thermostat. Les mesures électrochimiques de polarisation potentiodynamique et de spectroscopie d'impédance ont été effectuées en cellule électrochimique en verre conventionnelle à trois électrodes: contre - électrode en platine, électrode de référence saturée en calomel (ECS) comme référence. Les échantillons de tôle en acier X 60 préalablement découpé en dimension (5 x 5 x 0,06 cm³), exposant une surface 7,88 cm² à la solution d'essai, ont été employés comme électrode de travail. Un barbotage du mélange gazeux N_2 / CO_2 permet d'ajuster le pH de l'électrolyte convenablement choisi. La cellule d'essai est isolée de l'extérieur. Il ne peut y avoir le moindre échange gazeux et donc d'entrée d'oxygène. Les mesures électrochimiques ont été effectuées au moyen d'équipement Tacussel type – radiometer PGZ 301-

Les courbes de polarisation potentiodynamique ont été enregistrées avec une valeur constante de champ 0,5 mV.S^{-1} Avant d'enregistrer les courbes de polarisation, le potentiel – de circuit ouvert était stabilisé pendant 1 heure. La branche cathodique a été en premier déterminée puis la branche anodique.

Les mesures de spectroscopie d'impédance (EIS) ont été effectuées en utilisant l'analyseur de fréquence " radiometer PGZ 301" Tacussel avec une gamme de fréquence de $10^5 – 10^{-2}$ hertz.

Un logiciel d'analyse de la corrosion (système Tacussel – type voltamaster 4) permet de suivre et d'enregistrer les courbes.

3.3.5 Comportement électrochimique de l'acier de pipeline

Les courbes de polarisation potentiodynamique (figures 3.11, 3.12,3.13) de l'acier en milieu électrolytique de solution de test NS₄ simulant le sol corrosif ont été enregistrées à un intervalle de pH légèrement neutre entre 6.7 et 8.0 et à différentes températures comprises entre 20°C et 60°C . Ce qui permet de reproduire en laboratoire les conditions de sollicitations électrochimiques de corrosion du pipe lorsque les surfaces externes par suite d'une défaillance dans la protection expose l'acier au phénomène de piqûration par dissolution anodique. Il est a souligné que dans ce travail nous n'avons pas tenu de l'activité microbienne sous forme MIC ou autre, ni de l'influence des sollicitations mécaniques qui feront l'objet d'un autre travail de recherche.

Les courbes d'impédance (figures 3.14, 3.15 et 3.16), diagrammes de Nyquist obtenues par la méthode de spectroscopie d'impédance (EIS), après exposition de l'acier pendant 24h dans la solution de test stabilisée à un pH de 6.7 et une température de 30 au ± 1°C. L'interface acier /solution a été balayé par un potentiel libre et imposé depuis le potentiel de corrosion au potentiel de protection cathodique. Les diagrammes de Nyquist ont montrés une boucle d'impédance capacitive de taille différente. La dissolution anodique du fer et sa protection ont été étudiés.

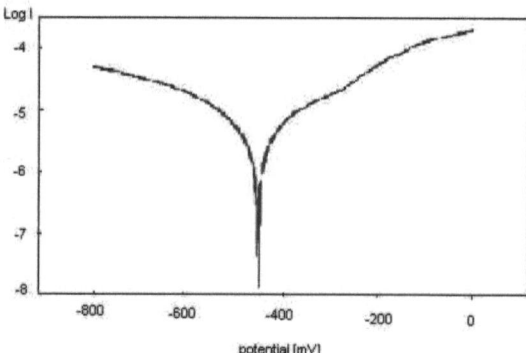

Figure 1a

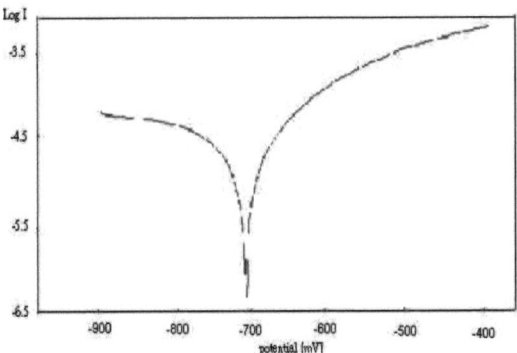

Figure 1b

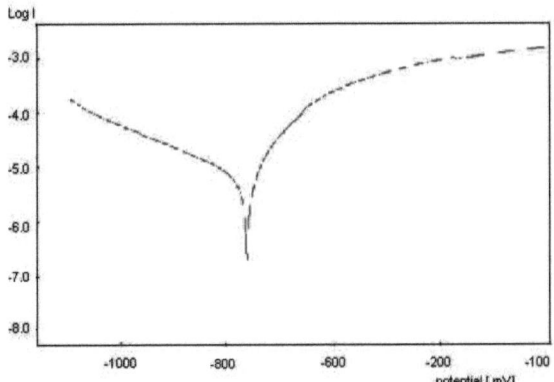

Figure 1c

Figure 3.11 courbes de polarisation Potentiodynamique de l'acier X60 dans le milieu NS4 simulé du sol
corrosif à la température 30°C
(Figure 1a - Solution de pH ≈ 6.7 , Figure 1b - Solution de pH ≈ 7.5
Figure 1c- Solution de   pH ≈ 8.0

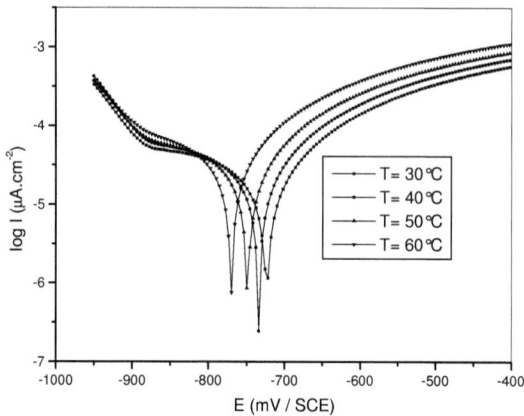

Figure 3.12 courbes de polarisation Potentiodynamique de l'acier X60 dans le milieu NS4 simulé du sol corrosif dans l'intervalle de température 20°C à 60°C (pH ≈ 6.7)

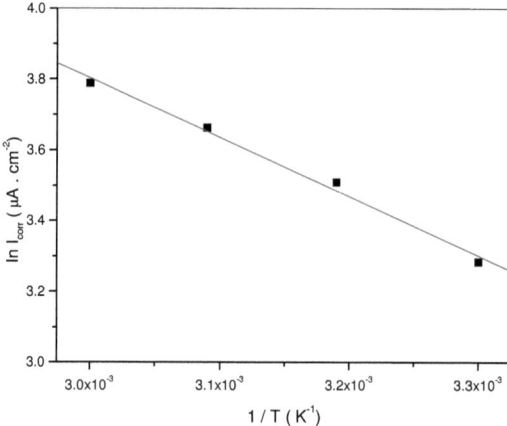

Figure 3.13 Droite d' Arrhenius tracées à partir des valeurs de la densité de corrosion de l'acier X 60 dans le milieu NS4 simulé du sol corrosif l'intervalle de température 20°C à 60°C (pH ≈6.7)

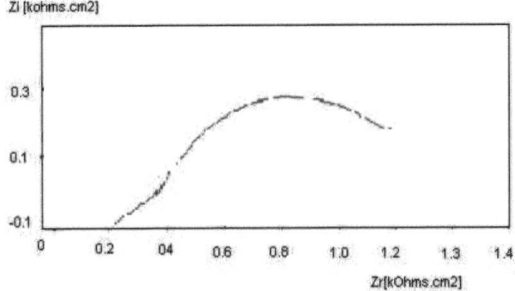

Figure 3.14 Diagramme de Nyquist de l'acier X 60 dans le milieu NS4 simulé du sol corrosif l'intervalle de température à potentiel libre à la température 30°C (pH ≈ 6.7)

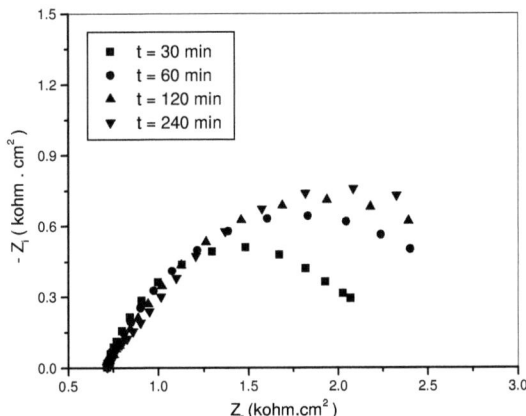

Figure 3.15 Effet du temps d'immersion sur les diagrammes de Nyquist de l'acier X 60 dans le milieu NS4 simulé du sol corrosif à la température 30°C (pH ≈ 6.7)

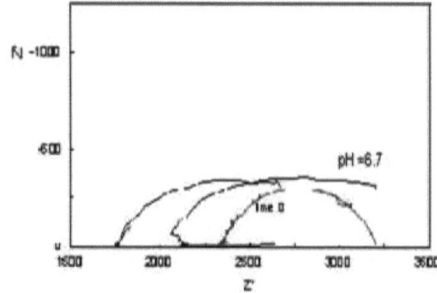

Figure 3.16 Effet   : 60 dans le
milieu NS4 simulé du sol corrosif à la   température 30°C.

3.4 Paramètres de corrosivité du sol

La résistivité du sol (ρ) considérée comme étant le paramètre le plus important pour évaluer la corrosivité des structures enfouies en acier, est une mesure liée à sa composition chimique et à la teneur en eau (%). Des échantillons de sol ont été prélevés et analysés en cellule d'essai. La terre a été bien compactée afin d'éviter toute discontinuité du sol ou augmentation de la conductivité électrique. L'évolution du pH du sol, la résistance de polarisation, les mesures de perte en poids sont évaluées en parallèle dans cet essai.

3.4.1   Résistivité du sol ρ

La méthode utilisée est la méthode de Wenner (méthode des 4 terres) [22,1]. Le dispositif expérimental (figure 3.11) est composé d'un générateur, montée en série avec une résistance variable connectée à un milliampèremètre (pôle positif), d'un millivoltmètre à haute impédance, d'une cellule de sol dans laquelle sont enfoncés quatre électrodes (graphite) alignés et équidistantes (a). On note les valeurs respectives du potentiel du courant. La valeur moyenne de la résistivité ρ est calculée d'après la formule:

$$\rho = 2 \prod aR \qquad (3.16)$$

Avec $\qquad\qquad R = \Delta V / I \qquad (3.17)$

ρ: résistance du sol [Ωcm], distance séparent les électrodes en graphite, [cm].
ΔV : variations de potentiel [V]. I : intensité de courant [Amp],
Les résultats de mesures sont portés sur le tableau 3.6

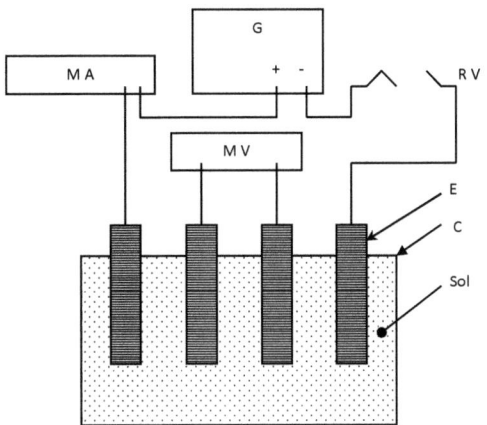

Figure 3.11 - Montage pour les mesures de résistivité du sol (E : électrode, C: cellule de sol, R V : Résistance variable (1 à 10kΩ), G : générateur de courant, M A : milliampèremètre, M V : millivoltmètre

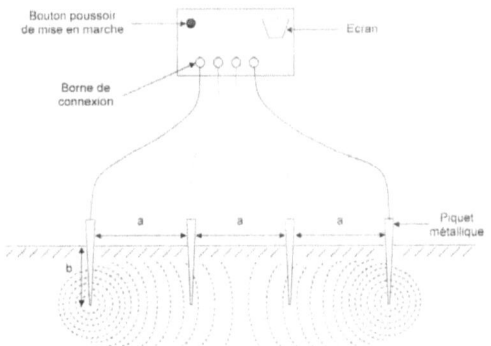

Figure 3.12 - Principe de la mesure de résistivité du sol par la méthode de Wenner
(a- distance entre deux piquets, b- profondeur d'enfoncement des piquets)

3.4.2 Humidité du sol

La teneur en humidité du sol a été déterminée par la méthode de mesure directe par perte de poids. Les prises de sol ont été pesées après séchage dans l'étuve pendant 24h réglée à une température de 105 °C. La différence de poids avant et après évaporation constitue la masse d'eau contenue dans le sol exprimée en %. Un dessiccateur a été utilisé pour mettre les échantillons de sol à leur sortie de l'étude avant pesée pour éviter toute absorption de l'humidité de l'air par effet de chaleur. Les résultats sont reportés sur le tableau 3.6. Cette méthode ne donne pas un poids constant après évaporation malgré toutes ces dispositions.

Tableau 3.6 – Paramètres de corrosivité du sol humide, paramètres électrochimiques et perte de masse en fonction du temps d'immersion et de l'humidité de l'acier X 60 enfoui dans le sol humide.

(Surface des échantillons 18 ± 0.5 cm^2)

Temps Immersion (h)	humidité (%)	Résistivité ρ (kΩ.m)	E_{corr}/SCE (mV)	R_p kohms.cm^2	Δm (mg)
200	10.0	401.10	-424	105.65	20.5
200	15.0	116.25	-431	47.82	15.0
200	20.0	033.89	-479	24.59	25.4
200	25.0	030.39	-622	08.53	34.6
200	30.0	008.89	-649	03.51	08.4
200	35.0	008.65	-635	02.71	10.6
200	40.0	006.94	-640	02.77	20.6
200	45.0	006.19	-650	02.39	09.8

Ces résultats montrent que la résistivité du sol diminue lorsque l'humidité augmente ce qui favorise l'échange ionique entre l'acier et le milieu environnant et les réactions de dissolution anodique.

3.5 Caractéristiques des résines PU

Selon les normes exigées, nous évoquerons les caractéristiques de performance des résines PU (polyuréthannes) en tant que revêtement des structures enterrées. Les caractéristiques particulièrement la haute adhérence obtenue doit être précédée comme pour tout autre revêtement par une préparation convenable de l'état de surface qui sera définit quantitativement par son degré de rugosité, c'est-à-dire par la mesure de la profondeur maximale des aspérités de la surface obtenue après élimination des composés indésirables et des impuretés de surface: rouille pulvérulente, calamine, graisse, huile, peinture, humidité, boues, poussières... Les méthodes de préparation de l'état de surface sont de deux types : traitements mécaniques de surface: grattage, brossage, sablage, grenaillage et décapage et traitements chimiques par utilisation des solvants et des détergents chimiques. Les propriétés de réactivité de la surface de l'acier avec un sol environnant en plus de l'agressivité corrosive du sol dépendra de l'état de surface qui est définit selon des considérations structurales, géométriques, mécaniques ou encore physiques ou chimiques. Le tableau 3.7 donne les aspects de ces considérations.

Tableau 3.7 Caractéristiques de l'état de surface

Etats de surface	Caractéristiques
Microstructure	texture, hétérogénéité
Géométrie	rugosité, profil
Mécanique	dureté, écrouissage, frottement
Physico-chimique	composition, couche
Chimique	réactivité, surtension

3.5.1 Adhérence

L'efficacité de la protection de la surface d'acier n'est pas seulement liée à la qualité intrinsèque du revêtement, mais à l'adhérence du revêtement qui est une caractéristique de premier ordre afin d'éviter toute infiltration en service de l'eau ou de tout autre électrolyte se trouvant dans le sol. Le subjectile à revêtir doit être sec et exempt de tout composé indésirable, avec une rugosité qui favorise l'accrochage du revêtement. Si les conditions de préparation de surface sont respectées, les résines PU peuvent conduire à des valeurs d'adhérence supérieure à 10 Mpa. La figure 3.13 indique les exigences minimales demandées dans certaines normes.

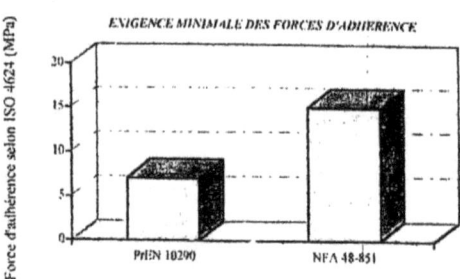

Figure 3.13 Exigences minimales des forces d'adhérence selon les normes

3.5.2 *Résistance au choc*

La résistance aux contraintes mécaniques tel que le choc doit être élevée. Lors du transport, le stockage et la pose du pipe, le choc peut entraîner la détérioration du revêtement et donc la mise à nu du métal. La protection anticorrosion est alors menacée. Cette caractéristique présente de l'importance en pratique car les revêtements sont soumis lors de la pose, à des agressions mécaniques de poinçonnement par des objets durs ou par des pierres qui sont très sévères lorsque ces objets présentent des arêtes vives.

Les matériaux thermodurcissables sont très sensibles aux chocs parce qu'ils correspondent à des matériaux durs. Les résines PU peuvent réaliser un compromis entre dureté et élasticité. La résistance au choc est déterminée en lâchant d'une certaine hauteur, un poinçon métallique calibré sur le revêtement et d'exprimer l'énergie d'impact maximale pour laquelle le revêtement n'est pas détérioré. Il existe plusieurs normes traitant ce test, notamment ISO 6272, ASTM G14, NF A 49 – 716, PrEN 10290… La figure 3.14 indique les exigences minimales de certaines normes pour la résistance aux chocs.

Les résultats d'essais sont données sous la forme de profondeur de pénétration du poinçonnement sous l'action d'un effort donné.

Les revêtements thermodurcissables ont un comportement satisfaisant grâce à leur dureté élevée. Selon la norme PrEN 10290, le poinçonnement s'effectue par pression de 10 N/mm^2 à partir d'un poinçon de 1.8 mm de diamètre. La pression est maintenue 24 h à 23 °C; la profondeur de pénétration ne doit pas dépasser 200 μm.

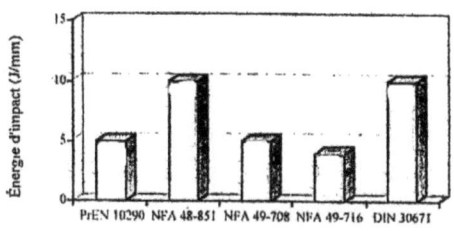

Figure 3.14 Exigences minimales de l'énergie d'impact à température
de 25°C selon quelques normes

Les essais de résistance au choc sur résine PU ont montrés des valeurs beaucoup plus faibles que ceux prévus par les normes, de l'ordre de 20 fois moins. Ce qui montre que les résines PU étant un matériau très dur peut résister convenablement aux contraintes mécaniques.

3.5.3 Résistance à l'humidité

Le revêtement doit être inerte chimiquement et assurer un effet barrière contre l'humidité contenue dans les sols qui selon sa composition peuvent avoir un caractère acide ou basique. La protection anticorrosion est de conserver la liaison adhésive à l'interface métal / revêtement. Les tests de résistance à l'humidité consistent à immerger le revêtement dans un milieu corrosif et de vérifier qu'il n'absorbe peu de liquide et ne subit pas de dégradation selon des mécanismes d'hydrolyse d'une part et d'autre part à ce que le revêtement en application sur un support d'acier de pipelines, après immersion conserve suffisamment d'adhérence.

La norme NFE 86 -900 pour simuler l'agressivité des sols, inclut un test qui consiste à immerger pendant 6 mois des éprouvettes revêtues dans des solutions aqueuses de carbonate de sodium (pH 8) et d'acide sulfurique (pH 4) à une température de 23°C ± 2°C. Les   éprouvettes, après immersion, sont essuyées   proprement et séchées à l'air ambiant avant vérification au peigne électrique. L'exigence demandée est qu'aucun défaut ne doit être constaté.

Des tests de résistance à l'humidité ont été effectués sur des films libres de 1 mm d'épaisseur obtenus à partir de formulations à base de résines PU en modifiant les polyols. Nous avons constatés des différences d'absorption des films immergés dans l'eau déminéralisée et dans une solution d'acide   (figure 3.15). Les films PU formulé à partir du polyol I conduit à un taux d'absorption important alors que le polyol II est beaucoup plus performant et sera donc apte à assurer un effet barrière contre les agents corrosifs. On notera que la composition des polyols I et II n'a pas été communiquée pour des raisons de brevet et de commercialisation du produit.

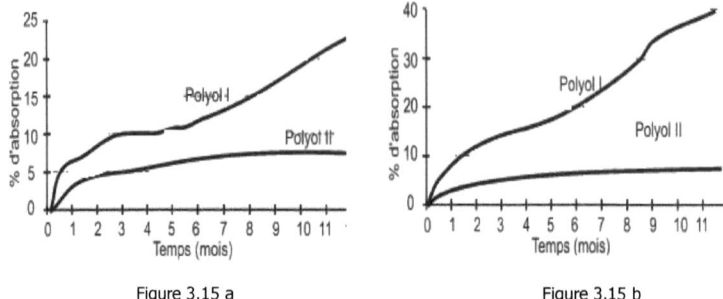

Figure 3.15   Tests d'absorption d'humidité de films libres obtenus à partir de formulations à base de résines PU en modifiant les polyols montrant des différences d'absorption. Figure 3.15 a Absorption d'eau à 50°C des films libres de résines PU - Figure 3.15 b Absorption d'une solution d'acide sulfurique (pH 2) à 50°C des films libres de résines PU

3.5.4   Résistance au décollement cathodique

La protection cathodique constitue une protection active. Le principe est d'amener l'acier à un potentiel électrostatique suffisamment négatif pour éviter tout développement de réaction d'oxydation et protéger le métal contre la corrosion à l'endroit où le revêtement présente un défaut [3.13]. En effet, il est impossible d'éviter les détériorations accidentelles du revêtement après sa mise en fouille et ces défaillances sont parfois difficiles à détecter.

Dans le domaine des revêtements des ouvrages enterrés, l'une des sources de dégradation peut provenir de la protection cathodique. Celle – ci, en modifiant la nature chimique du milieu environnant à l'interface entre le métal et le sol environnant a tendance à accélérer la dégradation de la liaison   acier / revêtement.

La sensibilité au décollement cathodique est variable selon les familles de revêtements. Elle est déterminée par la mesure d'une surface décollée à l'issue d'un essai de courte durée dans des conditions normalisées (ASTM G8, NFA 49 – 716, DIN 30671 …)

Le montage typique d'un test de décollement cathodique effectué au laboratoire est représenté par la figure 3.16.

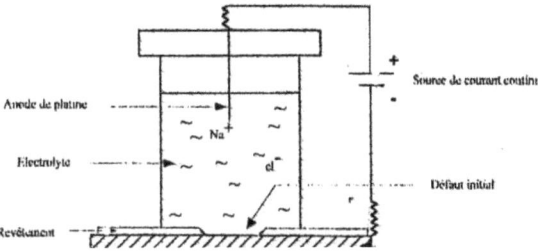

Figure 3.16 Représentation schématique du montage pour le test
du décollement cathodique

Le décollement cathodique est exprimé par rapport au rayon (en mm) correspondant à la surface décollée. Pour les résines PU, les exigences minimales selon certaines normes sont représentées en figure 3.17.

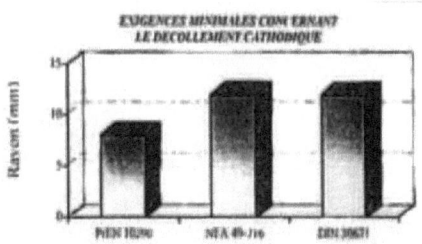

Figure 3.17 Représentation schématique des exigences minimales pour le test du décollement cathodique exprimé par rapport au rayon (en mm) correspondant à la surface décollée pour les résines PU

3.5.5 Résistance d'isolement

A ces caractéristiques, doit s'ajouter la notion de résistance électrique du revêtement, que l'on appelle couramment la résistance d'isolement, qui a pour vocation d'inhiber le courant de corrosion entre l'acier et l'environnement du sol. C'est l'effet barrière du revêtement qui doit se traduire par une imperméabilité à l'eau, à l'oxygène et aux ions, afin d'éviter toute infiltration atteignant la surface de l'acier. Plus le revêtement absorbe d'éléments conducteurs, tels que l'eau et les ions, plus la résistance d'isolement sera faible. Le suivi de la résistance d'isolement est donc un moyen de contrôler l'efficacité de l'effet barrière du revêtement dans le temps. Les exigences minimales concernant la résistance spécifique d'isolement des résines PU sont illustrées sur la figure 3.18

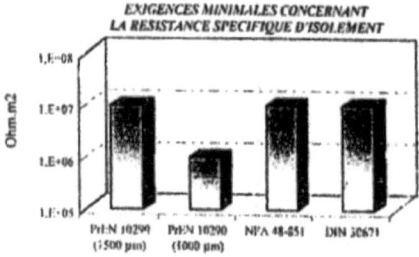

Figure 3.18 Représentation schématique des exigences minimales pour le test de la résistance spécifique exprimée en Ohm.m² des revêtements en résines PU après 100 jours d'immersion à 23°C dans une solution de NaCl 0.1M/l

Les valeurs mesurées (figure 3.18) de résistances d'isolement des revêtements en résines PU obtenues à partir des échantillons de pipes immergés dans de l'eau salée à 20°C pendant un temps infini montrent que les résines PU maintiennent des valeurs constantes dans le temps leur attribuant une bonne stabilité d'isolement.

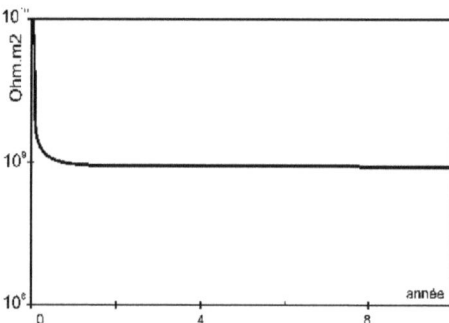

Figure 3.9 Evolution de la résistance d'isolement du revêtement en résine PU montrant la stabilité dans le temps des paramètres d'isolement

3.6 Conclusions

Dans le cadre de cette étude, le comportement en corrosion électrochimique de l'acier de pipeline X 60 est étudié. Les paramètres dont dépend la piqûration et la densité de corrosion de l'acier en interface acier / solution sont: la microstructure de l'acier, la propreté inclusionnaire, la résistance de l'acier, le pH de la solution, la température et le temps d'exposition.

Un milieu électrolytique NS_4 simulant les conditions de terrain a été défini. Les essais en laboratoire ont été effectués dans une solution désaérée dont le pH est ajusté entre 6.7 et 8.0. Les températures varient de 20°C à 60°C, bien que l'acier soit exposé en sol à des températures supérieures saisonnières.

Les éprouvettes de test avec les conditions d'interface ont été définies. Les courbes de polarisation potentiodynamique ont été enregistrées pour des variations des paramètres de corrosion. Les mesures de spectroscopie d'impédance (EIS) ont été effectuées en utilisant un analyseur de fréquence. Un logiciel d'analyse de la corrosion (système Tacussel – type voltamaster 4) permet de suivre et d'enregistrer les courbes.

Les paramètres de corrosivité du sol ont été évalués. La résistivité du sol (ρ) est considérée comme étant le paramètre le plus important pour évaluer la corrosivité des structures enfouies en acier, est une mesure liée à sa composition chimique, à sa teneur en eau (%) et à sa compacité. La résistivité du sol diminue lorsque l'humidité augmente ce qui favorise l'échange ionique entre l'acier et le milieu environnant et les réactions de dissolution anodique.

Les revêtements thermodurcissables se présentent mieux pour la résistance à la corrosion comme matériaux isolants et possèdent des caractéristiques plus performantes que les revêtements appliqués précédemment. Ils ont dans une gamme de température donnée, des caractéristiques peu sensibles à la température. Ainsi il est facile de prédire leur comportement mécanique, chimique ou encore thermique. Les résines thermodurcissables résultant d'une réaction irréversible entre une résine et un durcisseur ne change pas d'état sous l'action de la chaleur.

Les résines PU présentant des performances techniques et technologiques par rapport aux revêtements utilisé ont fait l'objet de notre choix pour les revêtements futurs des pipes réhabilités de la ligne GZ1 40". Les tests effectués sur les résines PU ont montrés ainsi la stabilité de la résistance d'isolement dans le temps avec un faible rayon de pénétration. Ces caractéristiques particulièrement la haute adhérence obtenue doit être précédée comme pour tout autre revêtement par une préparation convenable de l'état de surface. Ces performances dépendront de la nature chimique de l'isocyanate et du polyol, R et R' selon la réaction d'obtention des PU. Les isocyanates issus de l'isophorone auront une excellente résistance au vieillissement ultra violet, tandis que ceux à base de TDI, une excellente résistance chimique.

Nous présenterons dans le chapitre suivant une évaluation du taux de corrosion de l'acier par une approche statistique.et une estimation de la durée de vie utilitaire restante.

4. Evaluation du taux de corrosion et estimation de la durée de vie utilitaire restante.

4.1 Introduction

Nous avons développé au cours des chapitres précédents une méthodologie d'analyse des cas de piqûration rencontré sur les tubes de la ligne GZ1. A partir de la définition des conditions de "sollicitations" des tubes (protection cathodique, interaction électrochimique et contraintes) et de travaux d'expertises des piqûres de terrain nous avons été conduits à étudier en laboratoire la sensibilité des aciers de pipelines (X60) à la piqûration en condition de corrosion libre. Nous avons montré l'influence des paramètres électrochimiques à l'activation du processus d'amorçage et de propagation des piqûres. Le niveau de potentiel (cathodique et libre), aisément dissociables en laboratoire, le sont moins sur le terrain où ils représentent un niveau différent d'une même grandeur: le niveau de protection cathodique. Ainsi, il est tout à fait envisageable de pouvoir passer continûment d'un état à l'autre que ce soit dans le temps (variations saisonnières, journalières... en un même point de la ligne) ou dans l'espace (existence de zones en surprotection cathodique et de zones en sous protection, au même instant en deux points de la ligne).
Dans ce chapitre nous

Nous développerons dans ce chapitre les méthodes d'évaluation des défaillances par piqûration localisée ou généralisée par une estimation du taux de corrosion et de la durée de vie utilitaire restante par approche statistique. Nous définirons la probabilité que le gazoduc étudié accomplisse sa fonction requise dans les conditions d'utilisation et pour la période de temps déterminée qui est sa durée de vie. Cette étude de fiabilité permet de prévoir une politique d'entretien et de maintenance visant à augmenter la durée de vie. Nous évoquerons l'influence des piqures sur la réhabilitation des tubes. Il est à noter que nous n'avons pas tenu compte des défaillances par fissuration qui feront l'objet d'un travail futur. Nous avons choisi deux méthodes d'évaluation, la première couramment utilisée, elle a été développée par les laboratoires "Battelle" et adoptée par le comité de corrosion AGA (American Gas Association). Cette méthode est appliquée également pour la réhabilitation des pipes Algérien [4.1] et s'intitule "Critère B31G".Cette méthode s'appuie sur les critères de la norme ANSI/ ASME (1984). Elle permet une évaluation du taux de corrosion en grande surface, des piqûres non continues, soudures et des effets de la corrosion circulaire. La seconde méthode est une évaluation par approche statistique, nous évoquerons le choix du modèle et quelques applications.

L'objectif recherché de cette évaluation est la réhabilitation de l'acier de pipelines en vue d'une réutilisation aux mêmes conditions d'exploitation, c'est à dire à la même PMS (Pression max de service), afin de réduire les coûts de maintenance et d'exploitation.

La notion de défaillance est définie par la norme X60-010 (AFNOR) qui stipule que toute cessation de l'aptitude d'un dispositif à accomplir une fonction requise est une défaillance. Les défaillances de l'acier qui peuvent se développer en surface sont principalement les piqûres de corrosion ou les fissures suivant un mode de dégradation complexe par corrosion par piqûres localisées, corrosion par les sols, corrosion microbienne … caractérisée par une dégradation de l'état de surface de l'acier et l'apparition des piqûres de corrosion à des profondeurs différentes ou des fissures qui peuvent se propager et entraîner une rupture de l'ouvrage. Le taux de défaillance $\lambda(t)$ est défini par un seuil. Les défaillances apparaissent suivant un mode visible et une dégradation accélérée.

La fiabilité est définie d'après la norme AFNOR X 06-501 du 2 novembre 1977 comme une caractéristique des dispositifs ou des ouvrages à exprimer par une probabilité à accomplir une fonction requise dans les conditions d'utilisation et pour période de temps déterminé.

4.2 Méthode d'évaluation pas à pas (modèle B31G)

L'évaluation du taux de corrosion dans les canalisations après mise sous pression comme le cas des gazoducs est une estimation des piqûres en profondeur et en surface axiale et circonférentielle employant des concepts de la mécanique d'endommagement. Ils sont appliqués dans les limites de leur validation pour estimer la pression de service des pipes corrodés. Le modèle B31G [4.2] a été développé dans le but de limiter la forme étendue de l'imperfection par les défauts de corrosion sous forme localisés ou généralisés dans les canalisations en acier par des études théoriques et des analyses expérimentales. L'objectif principal est de déterminer la forme quantitative et la relation entre la valeur de la pression de la rupture (obtenue des essais hydrostatiques) et le nombre et la taille de défauts (Cosham et Hopkins, 2002). Depuis la publication de l'ASME/ANSI B31G-1991, davantage améliorations dans les techniques moins conservatrices sont apparus avec des données additionnelles. Le nouveau critère B31G modifié a utilisé le facteur de flambement ou facteur de Folias moins conservateur, qui peut être fait en traçant des points le long du plus profond chemin du secteur corrodé. La nouvelle version B31G, connu comme méthode efficace du secteur, évalue chaque profondeur du secteur corrodé, et chaque secteur séparément et dans l'ensemble.

D'après les rapports d'expertises [2.1], les défaillances par piqûration sont réparties suivant deux types de zones corrodées, la première suivant une extension longitudinale (corrosion en surface) et la seconde suivant une extension axiale (corrosion en profondeur).

Ces défaillances sont réparties également suivant une distribution affectant beaucoup plus le coté inférieur en contact avec le sol et n'ont pas une localisation déterminée. C'est pourquoi, nous avons choisi pour l'évaluation du taux de corrosion la méthode pas à pas qui consiste à étudier séparément les tubes. Nous avons représenté en annexe B un type de programme informatique que nous avons développé pour l'évaluation d'une surface corrodée longitudinal et circulaire à partir des dimensions et des caractéristiques des tubes en aciers.

Les paramètres d'évaluation par mesures acoustiques (sonde acoustique type DM4 : Gamme de mesure : de 0,5 à 500 mm, résolution : 0,01 ou 0,1, Vitesse de mesure : 4 Hz ; 25 Hz en mode capture minimum, gamme de vélocité dans le matériau : 2000 à 9999 m/s) sont la profondeur du pic (d), l'extension axiale (L) et l'extension circulaire (c). Si t est l'épaisseur nominale du tube, l'épaisseur résiduelle après défaillance par corrosion est :

$$d_{rés} = t - d \qquad (4.1)$$

L'évaluation du taux d'endommagement est basée sur quatre points :

- Définition de la surface corrodée interne ou externe en zone distincte
- Type de corrosion : localisée ou généralisée
- Interaction des zones corrodées étroitement espacées (3 types)
- Extension de la corrosion longitudinale ou circulaire.

On a estimé qu'un taux de défaillance par corrosion de 20% en profondeur est admissible sans changement dans la pression PMS. Dans ce cas aucune réparation n'est requise et la pression initiale de services est maintenue (sans se préoccuper de la longueur de la corrosion). A l'aide des mesures acoustiques; on vérifie que l'épaisseur résiduelle est au moins égale à 80 % de l'épaisseur nominale du pipe.

L'étendu en surface corrodée a été limité en zone. Une corrosion trop étendue et généralisée pose souvent des difficultés de mesure, ou on peut procéder à mesurer à partir des points de référence caractérisant les points de surface originale du pipe. En corrosion longitudinale, l'effet d'interaction entre zones corrodées peut avoir un effet combiné sur la résistance du pipe. On distingue trois types d'interaction (Figures 2.9, 2.10 et 2.11) :

Type1 : Zones de corrosion séparées dans la direction circulaire mais s'approchent dans la direction longitudinale. On estime que si la séparation circulaire entre zones de corrosion lest inférieure à 6t, les piqûres peuvent être considérées comme combinés et actives.

Type2 : Zones de corrosion successives dans la direction axiale séparées par des pédoncules de métal dont la longueur Lm définit l'assemblage des piqûres. Si Lp est inférieure à 1 inch, les piqûres forment une seule et si Lp est supérieure à 1 Inch, les piqûres seront traitées séparément

Type3 : Zone de corrosion étendue contenant des piqûres multiples à des profondeurs différentes.

En corrosion circulaire, le taux d'endommagement a été évalué comme suit :

$$C = \pi D/4 \qquad (4.2)$$

C- extension circulaire au sommet, et D- est le diamètre du pipe.

L'extension circulaire est déterminée sur la supposition d'une contrainte maximale au sommet et à la base du pipe et d'un axe neutre aux cotés latéraux. L'effet de l'extension circulaire est évalué selon des critères basés sur les paramètres d'évaluation du taux d'endommagement. On estime qu'une réparation s'impose lorsque la condition suivante est atteinte qui ne doit pas dépasser 80% de l'épaisseur nominale:

$$d > 0.80\,t \qquad (4.3)$$

Si t est l'épaisseur initiale du tube on peut estimer que si la séparation circulaire entre zones de corrosion est inférieure à 6t, les piqûres peuvent être considérées comme combinés et actives

Le tableau 4.1 représente l'évaluation du taux d'endommagement par mesure des paramètres d'évaluation de 6 tubes corrodés après exploitation. Les résultats montrent que les cas de corrosion localisée sont différents. Le traitement des données affectera la même pression PMS pour les tubes inspectés sauf pour le tube 5 où il faudra définir une nouvelle pression PMS et pour le tube 6 où il faudra supprimer la partie corrodée à l'extrémité.

Dans l'évaluation du taux de corrosion, nous avons tenu compte lors des mesures de profondeur d'une valeur de la "corrosion admissible" tenant compte de la vitesse de corrosion et du temps préconisé avant chaque mesure afin de valider l'évaluation pour une certaine durée de vie. Dans le cas des piqûres de corrosion formant des régions isolées de métal détérioré, les extensions axiales ou circonférentielles sont facilement mesurables autant que la profondeur.

Sur la base de cette méthode d'évaluation la station STT de sonatrach, sur les 3296 tubes réceptionnés (95% épaisseur 12.7 mm et 5% épaisseur 19 mm), 2286 tubes ont été réhabilités, soit un taux de récupération de 69.35%.

Tableau 4.1. Paramètres d'évaluation du taux de défaillance par corrosion localisée. (L_p- longueur du pipe, t- épaisseur nominale, d- profondeur du pic de corrosion, L- extension axiale, C- extension circulaire, X- longueur de métal non corrodé)

N°	L_p [m]	t [mm]	d [mm]	L [mm]	L_1 [mm]	L_2 [mm]	L_3 [mm]	X_1 [mm]	X_2 [mm]	C [mm]
1	11.80	12.70	3.0	160	50	40	30	40	40	
2	12.00	12.70	4.5	50						
3	11.60	12.70	5.0	115						115
4	12.00	12.70	3.0		20	15	15	55	49	
5	12.05	12.70	3.0	200						
6	11.85	12.70	3.0	15						
7	11.90	12.70	4.0							25
8	11.70	12.70	2.5	40						
9	11.95	12.70		11.75						
10	11.50	12.70	3.5							

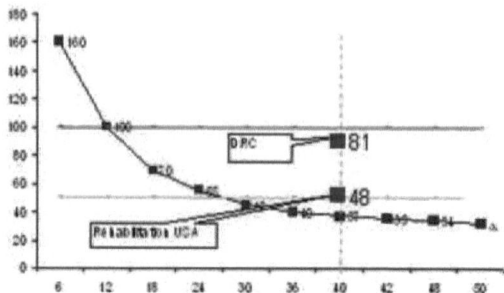

Figure 4.1 Evaluation du taux de réhabilitation des pipes corrodés des tubes de la ligne GZ1 de DRC et comparaison du taux de réhabilitation aux états unis

4.3 Méthode par approche statistique

Les formes localisées de défaillance par piqûration comme nous venons de le montrer sont impliquées dans la vie restante utilitaire des aciers de tubes, en raison de leur propension à causer une réduction de la durée de service et à développer des défaillances aléatoires. Les mesures appropriées sur la structure endommagée ne sont pas toujours efficaces à faire des évaluations des prévisions de la durée de vie utilitaire et il y a lieu de considérer le problème par approche statistique [4.4]. Une étude de probabilité de corrosion pourrait avoir une plus grande importance pratique que de se contenter à évaluer les mesures de piqûres de corrosion ou de fissures. Pour ajuster le phénomène d'apparition des défaillances, plusieurs modèles ont été développés les plus employés sont le modèle de la valeur extrême basé sur la considération du pic maximum et le modèle de Weibull à trois paramètres η, β, γ permettant d'ajuster toute sorte de résultats expérimentaux et opérationnels.(η : paramètre d'échelle $\eta > 0$, β : paramètre de forme $\beta > 0$, γ : paramètre de position $-\infty < \gamma < +\infty$). Le modèle de weibull est appliqué pour le cas de la corrosion sous contraintes et l'apparition des défaillances par fissuration. Nous donnerons un bref aperçu pour chaque modèle et nous évoquerons les critères de choix du modèle qui sera considéré.

4.3.1 Modèle de la valeur extrême

Dans le contexte de la piqûration, l'existence de pics plus profonds est considérée par application des modèles statistiques. La distribution des profondeurs de pics est prise comme une fonction exponentielle, c'est-à-dire que les profondeurs de n'importe quelle valeur sont possibles, mais la probabilité des pics les plus profonds est réduite exponentiellement à mesure que la profondeur augmente.

On exprime la fonction de distribution cumulative pour les pics de corrosion de profondeur x par l'équation:

$$F(x) = \exp.\ (\ -\exp.\ [\ -\ \alpha\ (\ x - u)\ ]\ )\qquad(4.4)$$

Où α et u sont des constantes, habituellement désignées respectivement sous le nom de paramètre locale et paramètre d'échelle. En prenant deux fois le logarithme de l'équation (4.4), qui peut être réarrangée de telle façon que la progression des pics maximum en fonction de $-\log_e$ ($-\log_e F(x)$) donne une droite de pente α qui intercepte u à $-\log_e (-\log_e F(x)) = 0$

D'autres distributions des profondeurs de pics sont possibles de l'équation exponentielle 4.4, comme la distribution de la valeur extrême [4.5] qui peut être exprimé comme suit:

$$F(x) = \exp.\ (\ -\ [\ 1 - k\ (\ x - u)\ /\ \alpha\ ]^{1/k}\ )\qquad(4.5)$$

$$kx \leq \alpha + u\ k\qquad(4.6)$$

Où k est attribué dans cette équation comme paramètre de forme reflétant le type de distribution.

Le modèle de la valeur extrême est appliqué par la plus part des auteurs [4.3 – 4.5] qui se préoccupant des piqûres localisées. Les exemples de son utilisation s'étendent des piqûres de corrosion de l'aluminium dans l'eau douce [4.3], le développement des fuites dans les pipelines [4.5], les piqûres de corrosion de l'acier inoxydable du type 315L [4.5] a la durée de vie restante des structures de pipelines souffrant de la corrosion localisée [4.8]. Aziz [4.4] a appliqué l'équation 4.4 aux piqûres de corrosion de l'aluminium dans l'eau douce en utilisant une approche de la valeur extrême comme variable réduite y tel que:

$$Y = \alpha\ (x - u)\qquad(4.7)$$

La' période de retour ' T comme:

$$T(x) = \frac{1}{1 - F(x)}\qquad(4.8)$$

Aussi bien que la fréquence relative cumulative. Pour les n valeurs extrêmes observés X_m (m = 1,2 ...n), la fréquence cumulative de x_m est :

$$F(x_m) = \frac{m}{n + 1}\qquad(4.9)$$

Ces corrélations sont reliées, bien que Aziz ait utilisé cette dernière équation pour tracer les données relatives aux pics de corrosion. Les dix panneaux d'alliage ont été exposés chacun à plusieurs temps d'immersion, les pics les plus profonds ont été évalués pour chaque panneau et rangés par ordre croissant de la profondeur du pic appropriée, le panneau avec le pic le plus profond était de rang m = 1. La fréquence relative cumulative est calculée et tracée en fonction de la profondeur maximale du pic, avec une meilleure ligne droite représentant la distribution. Les valeurs de profondeurs de pics observés sont comparées aux valeurs extrêmes de probabilité ce qui montre que ces derniers donnent des pics légèrement plus profonds que ceux des valeurs mesurées après différentes périodes d'exposition.

Cependant, les lignes de distribution peuvent être extrapolées pour indiquer que les profondeurs de pics correspondent à plusieurs probabilités d'évènement. La courbe 4.1 montre la progression des profondeurs de pics avec 1% de chance d'occurrence comme valeurs équivalentes observés pour les 10 panneaux exposés donnant les meilleures lignes, le dernier approchant une chance de 10%. Pour les pics les plus profonds au niveau 1%, si 100 panneaux avaient été exposés au lieu de 10 réellement exposés, les pics plus profonds auraient été observés en plus ce qui implique un aspect important du problème est que la zone exposée influe sur les résultats et ne peut refléter la situation réelle d'exposition des surfaces de pipes en contact avec le sol qui sont plus grandes que les surfaces exposées dans les essais de laboratoire. Il faudra tenir compte de ce paramètre dans l'évaluation du taux de corrosion.

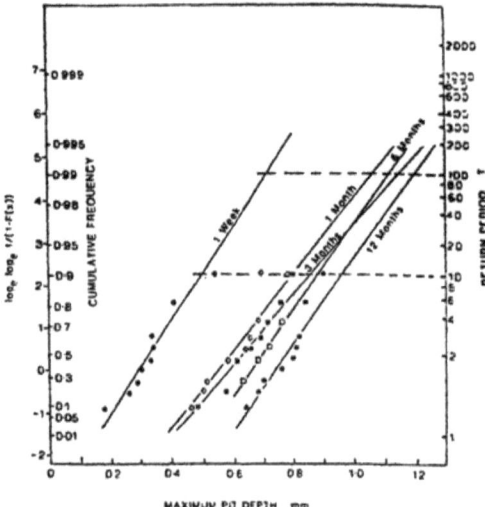

Figure 4.1 valeur extrême de probabilité des pics maxima profonds après diverses périodes d'immersion de l'aluminium dans l'eau douce (d'après Aziz [4.4])

Laycock et al. [4.6] ont montré par cette approche en se basant sur l'équation 4.5 l'influence des surfaces exposées et du temps d'exposition pour les profondeurs maximum de pics de corrosion dans l'acier de nuance 316L exposé à une solution de chlorure ferrique. Ils montrent également que l'extension des profondeurs des pics de corrosion jusqu'à perforation dans le matériau est une propagation finale.

L'application du modèle probabilistique de la valeur extrême aux conditions d'exposition des tubes de la ligne GZ1 exige des données sur les conditions réelles d'exposition en évaluant les pics et les pics maxima pour un temps d'exposition déterminé et pour un choix d'échantillonnage de tubes corrodés. Nous avons choisi 10 tubes corrodés (tableau 4.1) après un temps d'exposition que nous avons estimé acceptable, enfouissement d'une trente d'année, les profondeurs de pics varient de 2.5 mm à 5 mm sur une profondeur totale t de 12.7 mm ce qui représente un taux de défaillance de 19.68 % et de 39.37% ce qui peut être admis. En plus les essais de laboratoire sur la résistance chimique et mécanique du matériau ont montré que le matériau malgré ces défaillances continue à résister. La réhabilitation des tubes corrodés après un temps d'exposition infinie a présenté un taux de récupération de 69.35% sur un total de 3296 tubes examinés.

Pour la structure de pipelines, une conséquence de la distribution des profondeurs de pics de corrosion, un faible pourcentage de pics continuent à se propager à un taux élevé jusqu'à perforation. Ce résultat est économiquement justifiable pour les conditions de fonctionnement du pipe et de l'apparition des premières perforations. Le temps de perforation des pics restant sera au moins d'un ordre de grandeur plus élevé que le temps de la perforation initiale. L'acceptabilité de cette approche probabilistique dépendra de la structure particulière impliquée dans le problème de piqûration et le point commun est l'identification de la probabilité à la corrosion quelque peu incertain. La réponse à la vie restante de la structure du pipe exposé au phénomène de piqûration prendra la forme d'une évaluation d'un pourcentage de chance et du taux de défaillance dans un temps d'exposition déterminé. On peut estimer d'après cette évaluation que le risque est acceptable. Donc, d'après cette approche, la vie restante d'une structure potentiellement corrosive dépendra de la forme de distribution des pics et des pics maximum d'une part et de leur propagation jusqu'à perforation. Elle dépendra également des surfaces exposées et du temps d'exposition.

4.3.2 Modèle de Weibull

Loi de WEIBULL ou loi à trois paramètres (η, β, γ) permet d'ajuster les résultats expérimentaux et opérationnels. Le modèle est très souple, contrairement au modèle exponentiel. La loi de WEIBULL couvre les cas où le taux de défaillance λ est variable et permet donc d'ajuster aux périodes « de jeunesse » et aux différentes formes de vieillissement. Son utilisation implique des résultats d'essais sur échantillons ou la saisie des résultats en fonctionnement (TBF = intervalle entre deux dates de pannes). Ces résultats permettent d'estimer la fonction de répartition F(t) correspondant à chaque instant t.   D'autre part, la connaissance du paramètre de forme β est un outil de diagnostic du mode de défaillance. Les graphes f(t) et λ(t) montrent le polymorphisme de la loi de WEIBULL sous l'influence de son paramètre de forme β.

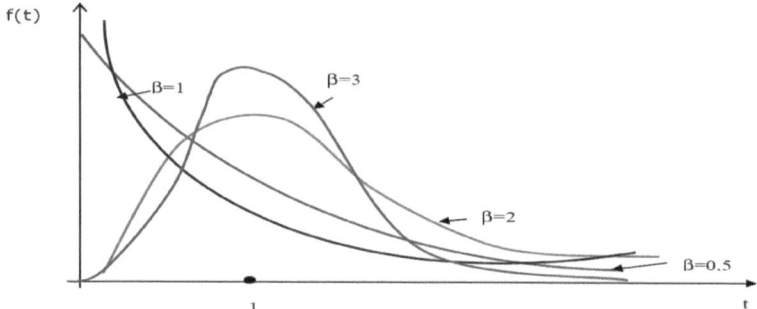

Figure 4.2: Influence du facteur de forme β sur la courbe de la densité probabilité

Expressions Mathématiques :

Soit la variable aléatoire continue t, distribuée suivant la loi de weibull. *La densité de probabilité f(t)* s'exprime par :

$$f(t) = \lambda(t).R(t) \qquad (4.10)$$

$$f(t) = \frac{\beta}{\eta}\left(\frac{t-\gamma}{\eta}\right)^{\beta-1}.e^{-\left(\frac{t-\gamma}{\eta}\right)} \qquad \text{avec } t \geq \gamma \qquad (4.11)$$

γ : est le paramètre de position -∞<γ< +∞ (en unités de temps), il définit un changement d'origine dans l'échelle de temps.

β : est le paramètre de forme β> 0 (sans dimension), souvent il est égal, inférieur ou supérieur à 1.

η : est appelé paramètres d'échelle η> 0, parfois nommé « caractéristique de vie » c'est un simple paramètre de temps.

La *fonction de répartition* :

$$F(t) = 1 - R(t) \qquad (4.12)$$

$$F(t) = 1 - e^{-\left(\frac{t-\gamma}{\eta}\right)^{\beta}} \qquad (4.13)$$

La fiabilité correspondante est donc R(t)= 1 - F(t)

$$R(t) = e^{-\left(\frac{t-\gamma}{\eta}\right)^{\beta}} \qquad (4.14)$$

Taux instantané de défaillance λ(t)

$$\lambda(t) = \frac{f(t)}{1-F(t)} \qquad \text{où} \qquad \lambda(t) = \frac{\beta}{\eta}\left(\frac{t-\gamma}{\eta}\right)^{\beta-1} \qquad (4.15)$$

Avec : t≥γ , β> 0 et η> 0

- Si $\beta < 1$ alors $\lambda(t)$ décroit : période de jeunesse (rodage, déverminage).
- Si $\beta = 1$ alors $\lambda(t)$ constant : indépendante du processus et du temps.
- Si $\beta > 1$ alors $\lambda(t)$ croit : phase d'obsolescence que l'on peut analyser plus finement pour orienter un diagnostique.
  - $1.5 < \beta < 2.5$: phénomène de fatigue
  - $3 < \beta < 4$: phénomène d'usure, de corrosion (débute au temps $t = \gamma$
  - $\beta = 3.5$: $f(t)$ est symétrique, la distribution est « normale »

Espérance mathématique du temps (MTBF)

La durée moyenne entre deux défaillances correspond à l'espérance mathématique de la variable aléatoire T.

L'espérance mathématique $E(t)=MTBF$ a pour expression

$$E(t) = \gamma + \eta \ \Gamma(1+\tfrac{1}{\beta}) \qquad (4.16)$$

Γ : fonction

Dans le quel Γ est le symbole d'une fonction eulérienne de second espèce :

$$MTBF = A.\eta + \gamma \qquad (4.17)$$

Linéarisation de l'expression de Weibull

Soit l'expression de la fonction de répartition $F(t)$ de la loi de WEIBULL.

$$F(t) = 1 - e^{-\left(\frac{t-\gamma}{\eta}\right)^{\beta}} \ \rightarrow 1 - F(t) = e^{-\left(\frac{t-\gamma}{\eta}\right)^{\beta}}$$

Les coefficients β et η n'apparaissent pas sous forme linéaire. Prenons le log népérien des deux membres car $R(t) \leq 1$.

$$\frac{1}{R(t)} = \frac{1}{1-F(t)} \geq 1 \qquad (4.18)$$

$$\ln\left[\ln\left[\frac{1}{1-F(t)}\right]\right] = \beta\ln(t-\gamma) - \beta\ln\eta \qquad (4.19)$$

Prenons :

$$Y^* = \ln\left[\ln\left[\frac{1}{1-F(t)}\right]\right] \ , \quad C_1 = \beta\ln\eta \qquad F_1(t)=1 \ , \quad C_2 = \beta \qquad F_2(t)=\ln(t)$$

On obtient : $Y = C_1 F_1(t) + C_2 F_2(t)$

Qui est bien une forme linéaire les coefficients inconnus C1 et C2. Comme la corrosion commence au début d'exploitation de pipeline, nous prenons $\gamma = 0$ Nous pouvons donc utiliser la méthode des moindres carrés. Module linéaire pour évaluer les paramètres (β, η).

Nous avons développé un programme en logiciel MATLAB qui à partir des données d'exploitation du pipeline GZ1 de définir les différentes fonctions de fiabilité selon le modèle de

WEIBULL (fonction de fiabilité, fonction de défaillance, le taux de défaillance, la durée de vie nominale et MTBF). Les résultats sont portés dans la figure 4.3

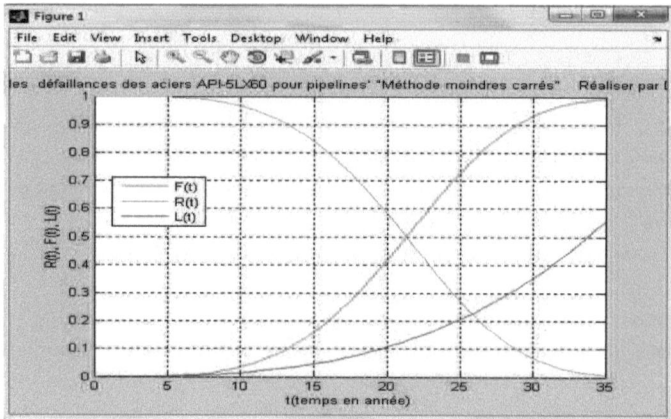

Figure 4.3 Courbes des fonctions de fiabilité, taux de défaillance et densité de probabilité pour le Tronçon 4 SC3- SC4 de la ligne GZ1 40''

La modélisation des défaillances par le modèle de WEIBULL nous a permis de définir toutes les fonctions caractérisant la fiabilité de la ligne GZ1. Les calculs des différents paramètres de fiabilité : les paramètres de formes et d'échelle ont été déduits. Cette étude nous a permis de calculer la durée de vie nominale du pipe qui est au maximum de l'ordre de 15 ans. Ce qui est conforme au contexte industriel.

4.4 Conclusions

L'évaluation du taux de corrosion après un temps d'exposition déterminé dépend des surfaces exposées, de la forme de distribution des pics de corrosion et des paramètres électrochimiques de corrosion dans le cas du pipe et de la corrosivité des sols L'extension de la vie de la structure du pipe potentiellement corrosive devrait commencer à l'étape de conception par un choix convenable du type de matériau et des méthodes de traitement de surface qui éviterait les problèmes de corrosion. Toutefois, il est susceptible de trouver le cas de quelques structures de service qui développent des problèmes de corrosion imprévue soulevant des questions relatifs à leur durée de vie restante.

Les méthodes d'évaluation du taux de corrosion et de réhabilitation couramment appliqués pour les structures corrodées sont de deux types méthode d'évaluation pas à pas basée sur les normes API (B31G) et les méthodes par approche statistique.

La méthode B31G s'appuie sur les critères de la norme ANSI/ ASME (1984). Elle permet une évaluation du taux de corrosion en grande surface, des piqûres non continues, soudures et des effets de la corrosion circulaire. C'est une méthode de réhabilitation pas à pas pour une évaluation spécifique à chaque tube corrodé. La corrosion en surface longitudinale présente trois types de zones de corrosion et la corrosion circulaire présente une extension des pics de corrosion en profondeur.

Pour ajuster le phénomène d'apparition des défaillances, plusieurs modèles statistiques ont été développés les plus employés et admis par beaucoup de chercheurs sont le modèle de la valeur extrême basé sur la considération du pic maximum et le modèle de Weibull à trois paramètres η, β, γ permettant d'ajuster toute sorte de résultats expérimentaux et opérationnels. Le modèle de weibull est appliqué pour le cas de la corrosion sous contraintes et l'apparition des défaillances par piqûration ou fissuration.

La méthode d'évaluation de la piqûration par approche statistique de la valeur extrême choisi, est l'existence de pics plus profonds. La distribution des profondeurs de pics est prise comme une fonction exponentielle, c'est-à-dire que les profondeurs de n'importe quelle valeur sont possibles, mais la probabilité des pics les plus profonds est réduite exponentiellement à mesure que la profondeur augmente. La fréquence relative cumulative est calculée et tracée en fonction de la profondeur maximale du pic, avec une meilleure ligne droite représentant la distribution. Les valeurs de profondeurs de pics observés sont comparées aux valeurs extrêmes de probabilité.

La zone exposée influe sur les résultats et ne peut refléter la situation réelle d'exposition des surfaces de pipes en contact avec le sol qui sont plus grandes que les surfaces exposées dans les essais de laboratoire où il faudra tenir compte de ce paramètre dans l'évaluation du taux de corrosion.

La vie restante de la structure de la pipe potentiellement corrosive dépendra de la forme de distribution des pics et des pics maxima d'une part et de leur propagation jusqu'à perforation. Elle dépendra également des surfaces exposées et du temps d'exposition.

Les tubes de la ligne GZ1, après un temps d'exposition que nous avons estimé acceptable, enfouissement d'une trente d'année, présentent des profondeurs de pics variant entre 2.5 mm et 5 mm sur une profondeur totale (t) de 12.7 mm ce qui représente un taux de défaillance de 19.68 % et de 39.37% ce qui peut être admissible dans ce contexte. En plus les essais de laboratoire sur la résistance chimique et mécanique du matériau ont montré que le matériau malgré ces défaillances continue à résister. La réhabilitation des tubes corrodés après un temps d'exposition infinie a présenté un taux de récupération de 69.35% sur un total de 3296 tubes examinés. Ce résultat est également acceptable.

La modélisation des défaillances par le modèle de WEIBULL nous a permis de définir toutes les fonctions caractérisant la fiabilité de la ligne GZ1. Les calculs des différents paramètres de fiabilité : les paramètres de formes et d'échelle ont été déduits. Cette étude nous a permis de calculer la durée de vie nominale du pipe qui est au maximum de l'ordre de 15 ans. Ce qui est conforme au contexte industriel.

En conclusion, nous recommandons pour l'évaluation du taux de corrosion et de la vie restante des tubes corrodés d'appliquer la méthode d'évaluation pas à pas qui donne des résultats plus justes pour la réhabilitation. Les mesures appropriées ne donnent pas généralement des évaluations précises de la durée de vie restante d'où le besoin de l'exprimer par application des modèles probabilistiques.

5. Résultats et discussions

5.1 Introduction

Au cours des précédents chapitres, nous avons montré tout l'intérêt qu'il avait à s'intéresser à la sensibilité des aciers à la piqûration localisée assistée par l'environnement du sol, l'efficacité de la protection passive et l'application sur site d'une protection cathodique.

En nous appuyant sur la compréhension des mécanismes de piqûration en laboratoire apportée par ces travaux et, en prenant compte les différences entre la piqûration de corrosion d'une éprouvette (laboratoire) et d'un tube (site), nous pourrons d'une part en déduire le mécanisme de piqûration sur le site et d'autres part, de proposer des solutions anticorrosion pour la protection des surfaces d'acier enfouies.

Dans cet objectif, il parait tout naturel d'étudier en laboratoire, la sensibilité à la piqûration des aciers de pipelines sous l'influence des paramètres électrochimiques et des facteurs de corrosivité du sol en particulier et de comprendre les mécanismes conduisant, sur site, à l'amorçage et la propagation des piqûres de corrosion en surface et en profondeur. Nous avons considérés des paramètres influant comme la concentration, pH, température, temps d'immersion, résistivité et humidité du sol pouvant modifier le comportement de l'acier de pipeline en corrosion par les sols.

Dans un premier temps, les matériaux étudiés ont été présentés en regard de leur microstructure, leur propreté inclusionnaire et de leur résistance à la corrosion. Dans une seconde étape, les conditions expérimentales relatives au milieu de test, ont été définies sur la base des indications du contexte industriel et des méthodes d'études de l'interface métal/solution : les méthodes de mesure directe, weight loss (gravimétrie), les méthodes électrochimiques stationnaires (courbes de polarisation) et les méthodes électrochimiques transitoires parmi lesquelles les mesures d'impédance électrochimique Le comportement électrochimique et l'interaction de l'acier avec le milieu corrosif de sol seront discutés.

Le phénomène de piqûration par corrosion sera gouverné par le potentiel de piqûration (E_p). Il représente le potentiel critique d'amorçage des piqûres et leur germination. Plus E_p est élevé, plus l'acier pourra résister au milieu corrosif. Le coefficient F_p est défini comme le rapport entre la profondeur maximale de pénétration de la corrosion L_{max} et la profondeur moyenne de dissolution déterminée par perte de poids L_{av}.

$$F_p = L_{max} \Big/ L_{av} \qquad (5.1)$$

5.2 Aciers de pipelines

Les aciers d'étude ont fait l'objet d'analyse chimique et d'analyse micrographique. Les résultats ont été comparés aux valeurs de la norme API [2.8]

5.2.1   Composition chimique

Les aciers de pipeline micro allié C-Mn selon les normes API des tubes de grade X60 - 5L ont révélés une composition chimique où le pourcentage de carbone approche 0.2% alors que les normes prévoient seulement 0.12% avec un taux en soufre important (0.018 % en poids, soit 180 ppm) qui avec la teneur en manganèse ≈1.6% peut conduire à la formation des inclusions de MnS qui fragilise l'acier. L'effet du taux de carbone est réduit en le maintenant à un niveau faible dans les aciers pour tubes (‹ 0.12 %). Cet élément très peu soluble dans la ferrite (jusqu' 0.022%) se trouve principalement sous formes d'îlots de perlite dans la matrice ferritique. La propreté inclusionnaire influe sur les propriétés et particulièrement la résistance à la corrosion. Les inclusions sont généralement des oxydes (Al_2O_3, MgO, CaO..) ou des composés à base de soufre. Dans les aciers anciens, les inclusions de sulfure de manganèse MnS sont les plus nocives. Elles se présentent sous formes de plaquettes allongées par le laminage. Le taux du soufre est à l'origine de formation de ces inclusions. Un relevé du taux de soufre sur les aciers de pipelines indique une grande dispersion et souligne la présence de valeurs élevées (jusqu'à 300ppm).

Selon la norme API la composition chimique est indiquée en tant que limites maximum de quatre éléments, carbone, manganèse, phosphore et soufre. Pour chaque réduction de 0.01 % du carbone correspond à une augmentation de 0,05% de manganèse jusqu'à une valeur maximale de 1,6%. L'ajout des éléments additifs comme le Titanium, le vanadium, le columbium et autres devra être selon la même norme bien étudié afin d'éviter tout changement néfaste sur la soudabilité du pipe. Le vanadium présent dans l'acier a un effet durcissant.

Comme minimum requis chaque analyse doit déterminer le pourcentage du carbone, manganèse, phosphore soufre, les autres compositions seront fournies en accord commun et seront ajouter durant la sidérurgie de l'acier. Le manganèse est le seule élément qui est favorable mais avec un effet durcissant très limité, il existe en solution dans la ferrite sous forme de MnS et surtout sous forme de   carbure Mn_3C associé à la cémentite Fe_3C , sa présence est très souhaitée car d'une part il augmente la dureté et la trempabilité de l'acier et d'autre part il joue le rôle d'antidote du soufre car le soufre est moins nocif dans la mesure où il se trouve sous MnS et non pas sous forme FeS ou de soufre libre, mais un minimum de soufre (0,02%) est toujours nécessaire pour des raisons d'usinabilité.   Pour le phosphore lui aussi il se trouve en solution dans la ferrite et provoque un grossissement du grain, ce qui augmente la fragilité de l'acier à froid, la limite élastique et la charge de la rupture tout en diminuant considérablement la plasticité et la ductilité. Les inclusions d'insertion (azote oxygène) forment des nitrures et des oxydes tout au long des joints des grains et réduisent sensiblement la limite de fatigue et la résilience. L'hydrogène dissout dans l'acier est un élément très nocif qui exerce une forte action fragilisante.

Pour obtenir une combinaison de haute résistance, de bonne ductilité et soudabilité de ces aciers, les chercheurs ont pensé à l'affinement des grains ferritiques pour augmenter les caractéristiques de traction. Les éléments d'alliages qui interviennent dans le processus d'affinage du grain sont Al, Nb et Ti formant des nitrures ou des carbonitrures agissant suivant leurs teneurs ainsi que les teneurs en carbone et azote et le traitement thermique réalisé.

5.2.2 Microstructure

Les examens métallographiques ont révélé une microstructure fine de type ferrito-perlitique à prédominance ferritique avec des amas de perlite aux joints de grains. Des inclusions ont été observées montrant la présence probable de sulfures de manganèse. Ce type d'acier est à haute limite d'élasticité (HLE) en présentant des grains fins de ferrite.

L'indice G de grosseur des grains est de l'ordre de 1 à 1.5 micromètres. L'affinement de la taille du grain ferritique augmente la limite élastique et les propriétés de résistance de l'acier. Il a été obtenu par des mécanismes de durcissement qui sont explicités par les travaux de Hall et Petch (1951). La dépendance donnée par la relation (2.3) a depuis été bien vérifiée expérimentalement.

L'observation au microscope MEB n'a pas révélé la présence de microfissures mais une diminution de l'adhérence du revêtement bitumineux et une augmentation de la perméabilité ce qui peut expliquer les phénomènes d'oxydation et la perte de composants à travers la dissolution par l'eau et la biodégradation.

La composition et la microstructure peuvent changer de manière significative entre les pipes. Ces variations ont comme conséquence des différences dans les performances de l'acier dans un régime de corrosion.

5.2.3 Caractéristiques mécaniques

Les essais mécaniques sur coupons coupés des tubes corrodés montrent que l'acier après défaillance par corrosion présente une limite d'élasticité minimale de l'ordre de 468 Mpa avec un allongement de 33%, valeurs qui avoisinent les valeurs de la spécification API. Les valeurs de dureté Brinell en surface interne et externe montrent des irrégularités pouvant être attribués à l'hétérogénéité structurale et la propreté inclusionnaire. La résistance de l'acier (R_m) est de l'ordre $Rm \approx 562$. Cette valeur est proche des valeurs de la spécification API.

Les essais de fatigue ont été effectués en flexion rotative sur des éprouvettes toroïdales afin d'éviter tout phénomène de concentration de contraintes ou d'échauffement excessif. La limite d'endurance de l'acier après plusieurs essais a été estimée par la méthode de reclassement. La valeur trouvée de la limite de d'endurance est σ_d = 315 MPa.

Ces résultats montrent que l'acier n'a montré aucun problème de diminution de sa résistance mécanique malgré les problèmes de corrosion. Il présente des caractéristiques de résistance à la corrosion et à toute autre forme d'endommagement mécanique mal grés la présence des défaillances en surface sous forme de piqûration de corrosion. L'affinement des grains de ferrite dans la microstructure peut expliquer l'amélioration des propriétés de résistance de l'acier. Le niveau de la protection par revêtement et la protection cathodique décidera du développement ou non du phénomène de piqûration de corrosion.

5.3 Milieu électrolytique

Le milieu électrolytique pour les tests électrochimiques a été choisi parmi les compositions chimiques obtenues du sol présentant une corrosivité élevée. Les analyses des électrolytes contenus dans les sols traversés par la ligne GZ1 ont mis en évidence la présence en proportions variables de bicarbonates et dans une quantité moindre de chlorures et de sulfates. Une analyse du sol a été effectuée sur plusieurs échantillons prélevés ayant permis de déterminer quelques compositions chimiques typiques. Le critère d'agressivité de l'acier adopté est principalement les teneurs en chlorures, en sulfates et en bicarbonates. D'autres investigations, réalisées au Canada à la surface de tubes endommagés ont permis de déterminer quelques compositions de même type.

Le choix du milieu électrolytique défini comme une solution d'essai représentative des conditions de terrain dite NS$_4$, choisie également par plusieurs auteurs qui se sont intéressés à l'étude du phénomène d'endommagement des aciers de pipeline dans une solution de " near – neutral pH " . Cette solution possède naturellement un pH compris entre 8 et 8.5. Or les analyses de sol ont mis en évidence, la présence de pH compris entre 6 et 8. Cette valeur, basse pour les tubes soumis à une protection cathodique génératrice d'alcalinité (via la génération d'ions hydroxyles), s'explique selon les auteurs, par la présence de CO_2 gazeux dissous dans l'électrolyte. Ce qui montre l'intérêt d'un bullage de CO_2 gazeux en laboratoire dans une solution aqueuse permettrait d'ajuster le pH du milieu. Ce dernier est contrôlé par la pression partielle de CO_2. De plus, les tubes étant enterrés à environ 1 m de profondeur et les oxydes rencontrés à la surface (Fe_3O_4) étant caractéristique d'un milieu pauvre en oxygène. Il a été décidé de désaérer la solution de test. Dans la pratique un bullage d'azote a été réalisé. Dans le cadre de cette étude, nous avons choisi le milieu électrolytique NS$_4$, comme la solution de test et représentative des conditions de l'environnement de la ligne, dans laquelle un bullage continu d'un mélange de 93% N_2 – 7% CO_2 permet la désaération et l'ajustement du pH à une valeur voisine de 6.7. Notons que cette valeur est compatible avec des mesures relevées sur la ligne GZ1, même si des valeurs beaucoup plus alcalines ont également pu être enregistrées.

5.4 Courbes de polarisation

Les courbes intensité - potentiel sont obtenues en mode potentiodynamique avec une vitesse de balayage du potentiel de 30 mV/mn. Le dispositif étant l'ensemble du système Tacussel : potentiostat, galvanostat PGZ301 associé au logiciel 'Voltamaster 4'. La vitesse choisie permet d'obtenir une bonne reproductibilité des résultats et d'effectuer les essais en conditions quasi-stationnaires. Avant le tracé des courbes, l'électrode de travail est maintenue à son potentiel d'abandon pendant une heure. Les courbes cathodiques sont tracées avant les courbes anodiques. Les essais électrochimiques ont été réalisés en cellule à trois électrodes, thermostatée et à double paroi déjà décrite auparavant.

5.4.1 Influence du pH

Les courbes de polarisation de l'acier X60 en milieu simulé NS_4 désaéré à différents pH dans l'intervalle de neutralité compris entre 6.7 et 8.0 simulant ainsi les conditions d'environnement du sol ont été représentées. Les valeurs de paramètres électrochimiques, I_{corr}, E_{corr}, la résistance de polarisation R_p, et les constantes de Tafel cathodiques et anodiques b_c et b_a sont donnés dans le tableau 5.1

Tableau 5.1- Paramètres électrochimiques de l'acier X60 dans le milieu NS4 simulé du sol corrosif dans l'intervalle de pH légèrement neutre (t = 30°C)

pH	E_{corr}/ECS (mV)	I_{corr} ($\mu A.cm^{-2}$)	b_c ($mV.dec^{-1}$)	b_a ($mV.dec^{-1}$)	R_p kohms.cm^2
6.7	-452.8	03.137	177.0	190.4	3.54
7.5	-704.4	26.686	475.5	168.5	1.51
8.0	-759.3	05.715	231.7	087.2	6.87

Nous constatons d'après ces résultats que le potentiel de corrosion est légèrement déplacé vers les valeurs anodiques, lorsque le pH de la solution de sol tend vers une légère acidité. Ce déplacement s'accompagne d'une nette diminution des densités de courant anodique et cathodique et la résistance de polarisation R_p diminue. Pour une valeur de E_{corr} = -452.8 mV l'amorçage et la germination de la corrosion ont eu lieu. Dans l'intervalle de pH légèrement basique, la résistance de polarisation R_p augmente et le processus de corrosion diminue.

Le pH du sol est généralement compris dans l'intervalle 4 – 10. Les sols humides contenant les matériaux organiques tendent à être acides. Les sols minéraux peuvent devenir acides par suite des réactions de lixiviation des cations basiques (Ca^{2+} Mg^{2+} Na^+ et K^+) par l'eau de pluie et comme résultat de la dissolution de l'anhydride carbonique dans les eaux souterraines. Le pH du sol diminue par effet du CO_2 sur les réactions anodiques et cathodiques. Le CO_2 est un acide faible qui, par dissolution dans l'eau donne de l'acide carbonique qui se dissocie par la suite en ions bicarbonates et carbonates en processus lent selon les réactions d'équilibre suivantes:

$$H_2CO_3 \rightarrow HCO_3^- + H^+ \quad \text{et} \quad \log [HCO_3^-] / [H_2CO_3] = -6.38 + pH \quad (5.1)$$

$$HCO_3^- \rightarrow CO_3^{2-} + H^+ \quad \text{et} \quad \log [CO_3^{2-}] / [HCO_3^-] = -10.34 + pH \quad (5.2)$$

Dans le cas de la solution de test NS_4, l'espèce chimique principale est l'ion bicarbonate HCO_3^-. De nombreux auteurs [5.2, 5.3] ont montré qu'en absence d'oxygène, la génération d'hydrogène cathodique est accélérée en présence de CO_2 dissous. Cet effet n'est pas seulement la conséquence d'un abaissement du pH, il peut y avoir une réduction cathodique directe des espèces H_2CO_3 ou HCO_3^-. De plus, l'effet tampon du CO_2 sur le pH de la solution, dont l'alcalinité devrait augmenter en présence d'une polarisation cathodique peut influencer les réactions cathodiques. Linter [5.4] a montré que la réduction de H_2CO_3 et HCO_3^- est thermodynamiquement beaucoup plus difficile que la réaction cathodique classique: $2 H^+ + 2 e^- \rightarrow H_2$. De plus, il a montré que le CO_2 a un effet inhibiteur sur les réactions cathodiques lors de l'application d'une forte polarisation cathodique, au travers de l'effet d'adsorption du CO issu de la réduction du CO_2. Il a été montré que les espèces H_2CO_3 et HCO_3^- accélèrent la vitesse de dissolution du fer [5.5,5.6]. Linter a notamment suggéré que cet effet se produit au travers d'une déstabilisation du film d'oxydes. Dans le contexte de la corrosion de l'acier en sol, la passivation se produit aux valeurs élevées de pH. Contrairement au fer, des métaux amphotères, tels que l'aluminium, qui sont protégés par des films d'oxyde, peuvent être rapidement corrodés dans les sols alcalins avec des valeurs élevées de pH aussi bien que dans les environnements acides. J.R King [5.7] dans une ' review' sur la corrosivité des sols a développé un monogramme sur lequel, il a combiné l'influence de la résistivité et du pH sur le taux de corrosion de pipe en acier dans le sol. Le monogramme ne tient pas compte de l'influence du potentiel d'oxydation/réduction et de l'activité microbienne, paramètres principaux dans la corrosion souterraine.

5.4.2   *Influence de la température*

La température du milieu corrosif du sol est une variable en fonction des saisons, ou des changements climatiques est l'un des facteurs pouvant modifier le comportement de l'acier en corrosion. Une élévation de température facilite la dissolution des composés chimiques, fait augmenter la vitesse de diffusion et uniformise les surfaces, empêchant la formation des zones anodiques et cathodiques distinctes. Etant donné l'importance de ce paramètre, nous avons effectué des essais de perte de masse de l'acier dans la solution de test NS_4 simulé du sol corrosif à différentes températures comprises entre 20°C et 60°C. Les valeurs de paramètres électrochimiques, I_{corr}, E_{corr}, la résistance de polarisation R_p, et les constantes de Tafel cathodiques b_c en fonction de la température sont donnés dans le tableau 5.2

Tableau 5.2 – Paramètres électrochimiques de l'acier X60 dans le milieu NS4
Simulé du sol corrosif en fonction de la température dans l'intervalle
de pH légèrement neutre (pH ≈ 6.7)

Temperature (°K)	E_{corr}/ECS (mV)	I_{corr} (μA.cm^{-2})	b_c (mV.dec^{-1})	R_p kohms.cm^2
293	-705.0	16.86	563.4	2.590
303	-705.0	26.68	475.5	1.510
313	-715.0	33.43	668.1	1.310
323	-727.8	38.98	631.9	1.150
333	-750.0	44.17	457.0	0.913

Ces résultats montrent que dans le domaine de température exploré, la densité de courant de corrosion augmente avec l'augmentation de la température et le potentiel de corrosion se déplace vers les valeurs négatives. Le potentiel de corrosion atteint la valeur E_{corr} = -750 mV/ ECS lorsque la température passe de 20°C à 60°C. La vitesse de corrosion est modifiée et elle est fonction de la température et de la concentration et pH du milieu. En milieu à pH neutre, la réaction de réduction de l'oxygène et la vitesse de diffusion sont des réactions favorables avec la température et provoque une réduction de la solubilité. En milieu à pH acide, la vitesse de corrosion se développe sous une forme exponentielle avec la température en raison de la réduction de l'hydrogène.

Le courant de corrosion I_{corr}, a été déterminé par la méthode d'extrapolation des droites de Tafel étant donné que les courbes anodiques dans le domaine des températures exploré ont approximativement les mêmes pentes et sont sensiblement parallèles. Ce qui indique que les réactions de réduction d'hydrogène à la surface en acier est toujours faite selon le mécanisme d'activation.

La variation du logarithme de la vitesse de corrosion en fonction de T^{-1} donne des droites indiquant que la loi d'Arrhenius est vérifiée. Les réactions de corrosion peuvent être considérées comme un processus activé par l'énergie d'activation déterminée à partir de l'équation suivante:

$$\log I_{corr} = - E_a / 2.303\,RT + k \qquad (5.3)$$

où k est une constante et E_a, l'énergie de corrosion d'activation. Les valeurs de l'énergie d'activation E_a ont été déterminées à partir des pentes des droites d'Arrhenius et ont été calculées. La valeur calculée de l'énergie d'activation de dissolution de l'acier de pipeline dans la solution NS$_4$ est E_a = 13,91 kJ. mole^{-1} Cette valeur comparée à celle de la corrosion des aciers dans l'environnement acide E_a = 60 kJ. mole^{-1} reste une valeur faible. L'énergie de corrosion d'activation augmente avec la température selon l'environnement de sol. L'efficacité protectrice du revêtement est fonction de la température. S.Sankara [5.8] a montré l'effet des d'inhibiteurs sur la diminution de l'énergie d'activation et que le mécanisme d'activation est attribué à la chimisorption à la surface de l'acier.

5.5 Diagramme de Nyquist

Afin d'étudier le comportement de l'acier en corrosion et des mécanismes de corrosion localisée, la méthode transitoire a été utilisée. Les mesures d'impédance sont effectuées à 30°C± 1°C après diverses immersions en milieu de solution de test pendant 24h, température à laquelle les mesures potentiodynamiques ont été réalisées. L'amplitude de la tension sinusoïdale appliquée au potentiel libre est de 10mV crête à crête, à des fréquences comprises entre 10 KHz et 10 mHz, avec 10 points par décade. Le comportement capacitif est systématiquement observé aux fréquences acoustiques. Il résulte de la formation, par migration de charges, de la double couche électrochimique. Cette dernière possède une configuration similaire à celle d'un condensateur.

Tous les diagrammes obtenus présentent la même forme générale. Les figures représentent les diagrammes d'impédances de l'interface acier /solution de test au potentiel de corrosion dans le milieu NS_4 simulé du sol corrosif en fonction du pH légèrement neutre dans l'intervalle (6.7 – 8.0) pour divers temps d'immersion et l'évolution des diagrammes de Nyquist obtenus au potentiel libre en fonction de la durée d'immersion. L'évolution des paramètres d'impédance (R_t) et (C_{dl}) de l'acier X60 dans le milieu NS4 simulé du sol corrosif en fonction du temps d'immersion à la température 30°C et pH légèrement neutre (pH ≈ 6.7) sont donnés dans le tableau 5.3

Tableau 5.3 – Evolution des paramètres d'impédances (R_t) et (C_{dl}) de l'acier X60 dans le milieu NS4 simulé du sol corrosif en fonction du temps d'immersion à la température 30°C et pH légèrement neutre (pH ≈ 6.7)

Temps Immersion (min.)	R_t $\Omega.cm^2$	C_{dl} $(\mu F.cm^{-2})$
30	0713.9	270.4
60	1458.3	463.2
120	1569.5	684.1
240	1681.4	1010.0

Ces résultats, montrent une augmentation simultanée de la résistance de transfert R_t et de Z_c lorsque le temps d'immersion augmente. L'augmentation de Z_c est traduite par une diminution de la capacité C.

Les diagrammes ont montrés également une boucle capacitive aux fréquences élevées suivi d'une boucle diffusionnelle aux basses fréquences. Cette impédance est caractéristique d'un comportement diffusionnel du au processus de la réduction cathodique de l'oxygène. Ainsi la dissolution anodique du fer et la réduction cathodique de l'oxygène se font simultanément sur la surface de l'électrode. Nous attribuons l'effet de diffusion à celui de transport de masse durant la dissolution du fer conformément à de nombreux points émanant de plusieurs auteurs [5.9,5.11].

De plus, la taille de l'arc capacitif représentant la résistance à la réaction de transfert diminue en fonction du temps d'immersion. Ce résultat est attribué à la corrosion spontanée du fer en milieu corrosif et à la formation d'un film protecteur d'oxyde à la surface de l'acier où la protection augmente avec le temps de contact.

La résistance de transfert de charge (R_t) augmente avec l'augmentation de la durée d'immersion dans la solution corrosive d'essai comme le montre ces résultats. Quand le temps d'immersion excède 120 minutes la résistance de l'acier à la corrosion change faiblement.

5.6 Corrosivité du sol

La résistivité du sol (ρ) considérée comme étant le paramètre le plus important pour évaluer la corrosivité des structures enfouies en acier, est une mesure liée à plusieurs paramètres: composition chimique, conductivité, teneur en eau (%) et compacité. Si la compacité de sol augmente, la conductivité augmente ce qui diminue la résistivité et augmente la corrosivité du sol. Les analyses de sol en cellule précédemment décrites et les résultats obtenus montrent que la résistivité du sol diminue lorsque l'humidité et la température augmentent, ce qui favorise les échanges ioniques de dissolution du fer, entre la surface de l'acier et l'environnement du sol corrosif (Figure 5.1)

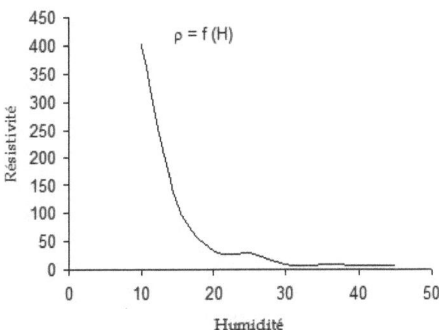

Figure 5.1 Variation de la résistivité du sol (ρ) en fonction de l'humidité

Les sols sont répartis généralement selon la teneur en vase et argile, le reste étant le sable [5.12]. Les sols et les roches présentent une structure fortement hétérogène. L'argile dans toute sa nature ne peut avoir qu'une valeur de résistivité inférieure à 100 Ω. Cm, valeur qui reste faible par rapport au sable qui présente une meilleure résistivité allant jusqu'à 1000 Ω. Cm et plus. Le tableau 5.4 montre l'évolution de la résistivité du sol ρ en fonction de la nature du sol analysé d'après la méthode décrite.

Tableau – 5.4 Evolution de la résistivité du sol (ρ) en fonction
de la nature du sol de la ligne GZ1.

N° essai	Résistivité ρ (Ω. Cm)	nature du sol
1	290	roche calcaire
2	010	Argile montmorillonite
3	130	Mélange d'argile
4	008	Argile
5	091	Mélange de sable
6	011	Marne gypseuse
7	160	Gravier et calcaire

Ces résultats montrent des valeurs basses de résistivité en particulier dans le sol en argile caractéristique d'un milieu corrosif pour les structures enfouies en acier. Un sol agressif est en général colloïdal et floculé par les électrolytes. La piqûration se développe dans ce type de sol par suite des échanges ioniques entre les sols humides de faibles résistivités et la surface externe de l'acier. La résistivité qui varie en fonction de l'humidité et de la température varie également en fonction des saisons où les phénomènes d'assèchement en période estivale ou de gel en période d'hiver en plus de la nature du sol influent sur les valeurs de la résistivité du sol. Un autre paramètre peut modifier les réactions électrochimiques, c'est la profondeur des structures enfouies où les écoulements des eaux souterraines chargées en sel de terrain et les conditions aérobics ou anaérobics peuvent changer les paramètres de corrosivité du sol. De cela découle la nécessité d'une protection par revêtement épais est recommandée dans les sols en argile ou marne gypseuse et par un revêtement moins épais pour les sols dispersé, généralement sablonneux et isolant ou mauvais conducteur. En plus de cette isolation passif de l'acier par revêtement, un système de   protection cathodique active pour maintenir les potentiels de protection dans la branche cathodique est également recommandé pour éviter toute défaillance dans la protection de l'acier et d'éviter toute interaction électrochimique de corrosion entre la surface de l'acier et l'environnement du sol qui aurait pour conséquence l'amorçage et la propagation des piqûres de corrosion.

5.7 Etude critique sur l'évolution des revêtements de pipelines GZ1 et choix d'un matériau protecteur des aciers

Le revêtement doit assurer une isolation parfaite de l'acier par rapport au milieu agressif. La qualité de cette isolation lors de la mise en service et ensuite son maintien dans le temps dépendent d'un nombre de qualités intrinsèques déterminées par sa tenue mécanique, physico-chimique, thermique, électrique voire même biologique en tenant compte des considérations économiques. Différents types de revêtements ont été portés sur les tubes de la ligne. Il est à noter que la protection n'est efficace que si cette isolation est complétée par une protection cathodique qui devrait être maintenu constamment à un niveau de polarisation cathodique.

La recherche d'une optimisation technico - économique des revêtements de canalisations enterrées ou submergées dans les eaux salées est un souci permanent pour les compagnies pétrolières où le revêtement recherché doit répondre à plusieurs impératifs technologiques (résistance, adhérence, durabilité...), économiques et de conservation de l'environnement. Les propriétés mécaniques du revêtement devraient être tel que l'adhérence soit parfaite sans rupture pendant les opérations de pose et lorsque la canalisation est dans le sol. Les caractéristiques de dureté et d'élasticité sont déterminées par des essais de laboratoire.

Le développement de nouveaux systèmes, leur expérimentation et leur utilisation dans le domaine ont été régis par le progrès de la chimie. Tout au long des dernières décennies, les exploitants ont acquis beaucoup d'expériences dans le domaine des revêtements de canalisation. De ce point de vue, les essais comparatifs de laboratoire sont très utiles mais ne peuvent remplacer une expérience acquise dans le domaine. Nous passerons en revue les différents types de revêtements appliqués sur les tubes depuis sa construction en 1976, leurs performances, leurs échecs et nous terminerons cette étude par une proposition d'un type de revêtement selon les tendances actuelles, après tests de laboratoire, il pourra répondre à ces exigences avec un pourcentage de réussite élevé.

La protection par revêtement en bitume dérivé de goudron de pétrole renforcé d'un feutre de fibre de verre a été la première application sur les tubes, pour des considérations acceptables de l'époque. Les revêtements polymériques thermoplastes (polyéthylène, polypropylène, PVC, PTFE...) appliqués en bandes ont constitués la génération suivante. Ils sont collés par des enduits sur la canalisation ou extrudés en usine. Les revêtements polymériques thermodurcissables (polyuréthannes, époxydes, polyesters...) sont des applications récentes sur les tubes après réhabilitation ou remplacement par un tube neuf.

5.7.1 Revêtements en bitume

Les émaux à liants hydrocarbonés ont été les premiers revêtements utilisés. Ce type de revêtement donne une excellente protection anticorrosion et une excellente adhésion sur support acier, même sur une préparation de surface rudimentaire. De nature thermoplastique, il résiste mal lorsqu'il y a combinaison de hautes forces de cisaillement et de températures élevées. Ils sont obtenus à partir de résidus de distillation, stabilisés et améliorés par des traitements divers, en particulier des soufflages d'air , à chaud, puis chargés avec un matériau inerte, appelé "filler" (mica,talc...). Ils ont des constantes diélectriques extrêmement élevées qui leur confèrent un excellent pouvoir isolant, mais les défauts inévitables de continuité des couches appliquées font que les valeurs pratiques d'isolement obtenues n'ont rien avoir avec les valeurs théoriques que l'ont peut mesurer en laboratoire. Leur composition chimique varie suivant l'origine la nature des ressources naturelles à partir duquel on les a obtenus. Ils appartiennent aux différentes familles d'hydrocarbures (aliphatiques, cycliques et aromatiques). Le revêtement est constitué d'une couche de peinture d'adhérence, dite "primer", appliquée à froid après sablage ou grenaillage du tube (le primaire d'accrochage est nécessaire pour assurer un bon mouillage du support), ensuite à chaud sur une ou plusieurs couches d'émail d'épaisseur allant de 3 à 6 mm, un enroulement de tissu de verre noyé dans l'émail chaud afin d'augmenter la tenue et la résistance de la couche et éventuellement, un enveloppement extérieur en feutre de verre pour protéger mécaniquement le revêtement pendant les opérations de mise en fouille et de remblaiement.

Ces revêtements, vu leurs coûts économiques présentent certains avantages technologiques (résistance mécanique, pouvoir isolant, inertie chimique vis-à-vis de la corrosivité du sol ou des autres constituants, tenue au vieillissement, tenue aux variations de température...) cependant ils présentent certains inconvénients, discontinuité des couches appliquées, risque de déchirure pendant la pose ou le transport, perméabilité à l'eau et aux électrolytes lorsque le temps d'exposition augmente, diminution de l'élasticité en périodes froides... ce qui diminue leur résistance à la corrosion. Ils deviennent plus ou moins sujets à l'oxydation et une perte de composants à travers la dissolution par les eaux contenus dans les sols et la biodégradation.

Ces processus conduisent à un revêtement perméable, fragilisé, qui peut se détacher de la surface de l'acier qui par la pénétration de l'eau et des électrolytes contenus dans les sols conduire à des processus de corrosion souvent complexe lorsque les microorganismes et les contraintes mécaniques sont impliqués.   L'expérience a montré qu'il est difficile de maintenir la haute qualité de revêtement exigée au-dessus de la pipe entière. Le problème de rupture de ce type de revêtement, tant au niveau de la mise en sol ou après est la principale défaillance que l'on rencontre dans les pipelines anciens. De nature thermoplastique, il résiste mal lorsqu'il y a combinaison de   sollicitations mécaniques (hautes forces de cisaillement) et sollicitations thermiques   (températures élevées). Leur comportement est peu satisfaisant lorsque les températures en sol augmentent pendant les périodes chaudes en atteignant 60 à 70°C. Des défaillances de discontinuité de la couche peuvent apparaître. Fragiles au transport, ces revêtements sont utilisés en assez forte épaisseur (4 à 6 mm) et souvent armés avec des voiles de verres. La fragilité mécanique du revêtement a été montrée particulièrement dans les sols rocheux où il y a nécessité d'un ajout de protection par sable avant la pose, ce qui augmentera les coûts de la protection. Roche et Samaran [5.16] sur des investigations GDF (gaz de France) ont montrés que la rupture du revêtement du à une porosité et une adhérence peu convenable est le problème rencontré avec ce type de protection sur plusieurs lignes tel que le problème de la ligne Heimdal-Brae. Des problèmes de corrosion SCC (Stress corrosion Cracking) ont été rencontrés dans certains sols.

Un autre problème a été rencontré sur les tubes revêtus en bitume c'est la perméabilité à l'eau en service. En zone de protection défaillante, l'eau du sol accède à la surface de l'acier pour soutenir des cellules de corrosion et permettre à des potentiels de CP à se développer en surface qui bloque la protection cathodique par la haute résistivité du sol sec entourant le tube. Ce phénomène se rencontre généralement dans des sols gonflants qui s'assèchent périodiquement ou des sols à salinité élevée.

5.7.2 Revêtements thermoplastiques

Les revêtements polymères ont constitués la génération suivante des systèmes de protection des canalisations enterrées. Les matériaux utilisés sont les polyoléfines, et plus particulièrement les résines de polyvinyle (PVC), de polyéthylène ou de polypropylène. Ces deux dernières résines sont des polymères résultant respectivement de la polymérisation des molécules d'éthylène $CH_2 = CH_2$ et des molécules de propylène $CH_2 = CH - CH_3$. Ces deux monomères proviennent des traitements en raffinerie du pétrole. Ils ont en commun la particularité de présenter dans leur molécule une double liaison qui en s'ouvrant permet l'addition des molécules entre elles. Suivant les conditions opératoires, on obtient ainsi des polymères de poids moléculaires plus ou moins élevé. Le tableau 5.5 résume quelques caractéristiques des polyoléfines.

Ils sont appliqués en rubans minces résistants aux déchirures au moment de la pose en particulier avec une couche de composé adhésif (le plus souvent Butyle ou E.V.A) permettant au polymère d'adhérer à la surface primaire de l'acier. Ils ont été lancés pour remplacer les émaux en bitume. Le but était d'enduire les canalisations au-dessus du fossé sans chauffage, en roulant la bande au-dessus de la surface en acier qui avait été précédemment décapée et peinte avec une couche d'adhésif primaire. L'épaisseur du ruban doit être suffisante pour empêcher toute formation de vide aux chevauchements et aux lignes de soudures pouvant être à l'origine du développement des cellules de corrosion.. Ce système a été utilisé pendant un certain temps et a été ensuite remplacé par un autre revêtement plus performant.

Ces matériaux ont connus un grand développement pendant les dernières décennies. Au début, aucun problème n'a été mentionné si ce n'est le contrôle qualité qui était souvent difficile à réaliser. Des essais comparatifs au laboratoire et des tests de vieillissement ont été menés pour le choix de l'adhésif primaire à différentes températures de service. Quelques années plus tard, des secteurs de corrosion ont été découverts sur la surface des tubes de la ligne. Les excavations sur site [5.18], ont montrés des pertes en poids de ce type de revêtement qui peuvent continuer jusqu'à 50% et une fragilité. Ces pertes sont localisées et entraînent une fissuration du revêtement et une instabilité en service. Ce type de rupture de revêtement accroît la demande en courant de protection cathodique CP et permet à des cellules de corrosion de se propager sur la surface de l'acier. Les recherches [5.21] ont montrés que cette perte en composants adhésifs primaire des systèmes de revêtements par rubans est due à l'activité des microorganismes associés à des mécanismes de corrosion microbiologique. Thomas [5.23] a montré que dans des cultures mixtes de bactéries anaérobiques sur des revêtements détachés et non détachés en ruban de polyéthylène pris de surfaces de tubes exposés sur plus d'une dizaine d'année de service qu'un revêtement détaché intact soutient encore le métabolisme tandis qu'un revêtement détaché usé ne soutient plus le métabolisme, car sur cet échantillon, il n'y a plus de " nutritif " disponible pour le métabolisme. Ce phénomène est expliqué qu'un lessivage à l'eau et une dégradation microbienne du composant de l'adhésif primaire ont du se produire sous le revêtement détaché sur le site. Ce résultat est confirmé par un autre essai où un échantillon de ruban en polyéthylène détaché du tube et nettoyé avec du toluène ne montra aucun métabolisme. Ce qui indique que l'adhésif primaire était nécessaire pour l'activité bactérienne. Ce type de revêtement peut présenter également des défauts d'adhésion et de discontinuité du ruban de polymère lorsque l'acier présente des irrégularités de surface telle que les zones de rugosité élevée ou des zones de soudures longues. Il se forme entre le ruban et la surface de l'acier un vide qui peut se remplir des eaux du sol et créer des cellules de corrosion sous le ruban détaché. Ce phénomène est connu sous le nom "effet de tente" (tenting effect). La contrainte du sol particulièrement dans les sols humides en argile (high Clay) favorise la création de ce défaut. Les rubans polymères peuvent également se détacher lorsque la température de service augmente. Ce qui détériore l'adhésif primaire et affaiblit la tension d'enroulement des rubans.

Les propriétés diélectriques des rubans en polyoléfine après analyse n'ont montrés aucune différence dans leurs propriétés isolantes quelque soit le type de revêtement détaché. Les constantes diélectriques des revêtements polyéthylène et PVC varient de 2 à 4. Ces valeurs correspondent à des matériaux bons isolants. Cependant, les revêtements détachés peuvent bloquer les courants de la protection cathodique et augmenter la demande.

5.7.3 Peintures thermodurcissables

Les revêtements thermodurcissables (époxydes, polyuréthannes…) sont obtenus par transformation chimique irréversible vis-à-vis des variations de température, entre deux constituants qui modifie complètement les propriétés mécaniques et chimiques du revêtement. Ils conduisent après réticulation, à des macromolécules formant un véritable réseau tridimensionnel. Ils peuvent être mis en œuvre par dissolution avec solvant ou sans solvant ou en poudre. En dissolution dans différents solvants et avant réticulation, ils sont déposés sous forme de peinture en films minces de revêtement qui après évaporation du solvant, la réaction chimique se produit entre les constituants de la peinture et conduit au revêtement réticulé définitif. Ils sont appliqués en dissolution sans solvant lorsque les constituants primaires sont sous forme liquide plus ou moins visqueux. La dissolution sans solvant offre la possibilité de réaliser des revêtements d'épaisseurs plus importantes sans risque de porosité du film lié à l'évaporation du solvant ou à sa rétention et sans risque d'inhalation des vapeurs du solvant. La méthode de poudre consiste à mettre sous forme pulvérulente fine la composition globale du revêtement. La réticulation se produit après la mise en œuvre sous l'influence d'une élévation de température. Cette méthode s'effectue par procédé électrostatique où les grains de poudre chargé électriquement sont projetés sur la surface de l'acier.

Historiquement, c'est au début des années 80 que des recherches à GDF (gaz de France) et Vallourec fabriquant français de tubes soudés et sans soudures en reprenant les vertus anticorrosion des émaux à liants hydrocarbonés et en supprimant les principaux défauts: susceptibilité thermique, mise en œuvre, fragilité mécanique sont arrivés à l'application des peintures époxy en poudre projetés sur un support chaud et les peintures polyuréthannes projetées sur un support froid pour améliorer les conditions de revêtement par une diminution de l'épaisseur et d'une application en monocouche. Les poudres époxy ont vu leur application se réduire en raison de l'application à chaud et de la faible épaisseur obtenue. Un des avantages que présente le revêtement époxyde est la localisation des endommagements mécaniques en raison de l'adhérence élevée sur la surface de l'acier et qui réduit considérablement les risques de corrosion. Il résiste mieux aux variations de température. Cependant, l'inconvénient principal de ce revêtement est sa faible résistance aux frottements et aux contacts pointus souvent non détectables vu leur petite dimension. Il présente également des risques de déchirure et une faible épaisseur 500 à 550 μm qui limite son élasticité pour le pliage et diminue de l'adhérence. En plus de ces défauts mécaniques quelques cas de formation de cloques ont pu être détectés montrant également une diminution de l'adhérence. Ces problèmes se rencontrent généralement dans les opérations de pose.

Les peintures polyuréthanes désignent une famille diversifiée de polymères. La formation des résines groupements uréthannes résulte de la réaction d'addition entre des groupes fonctionnels isocyanates et des groupes hydroxyles, avec déplacement d'hydrogène, sans qu'il ait formation de quelconques produits secondaires. Les composés contenant des fonctions hydroxylées sont habituellement appelés polyol. Il s'agit de polymères contenant au moins deux groupements hydroxyles. Parmi les polyols les plus employés dans les peintures et vernis, il existe les polyesters, les polyéthers, les polyacrylates et les esters cellulosiques.

$$R - N = C = O \quad + \quad R' - OH \;\rightarrow R - N \; - C = O \qquad (5.4)$$

$$H \quad O - R'$$

Les nombreuses possibilités de formulation liées au choix des molécules réactives permettent un large usage des résines polyuréthannes. Dans le cas des peintures et des revêtements des tubes, on peut obtenir des performances sur plusieurs caractéristiques: stabilité au vieillissement, adhérence a métal, inertie chimique après réticulation. Ces matériaux ont alors rapidement suscité l'intérêt des scientifiques et ont depuis connu un véritable essor. Si tant est aujourd'hui on les retrouve sous des formes très variées, incluant aussi bien des résines thermodurcissables que des élastomères thermoplastiques. Les résines PU sont couramment utilisées en association avec les goudrons et les brais de houille. Ce qui réalise à froid une véritable transformation des goudrons qui ne se comportent pas comme de simples charges inertes dans les PU, la résistance thermique des goudrons se trouve très nettement améliorée, leur point de ramollissement devient élevé. En résine thermodurcissables, les polyols ou les isocyanates sont caractérisés entre autre par leur masse moléculaire et leur fonctionnalité. Les molécules peuvent contenir, un, deux, trois groupements voir plus en réagissant forment un réseau qui durcit le matériau de manière irréversible. Ces réactions sont favorisées par la température, c'est ce qui caractérise les polymères thermodurcissables, contrairement aux composés thermoplastiques, qui selon la variation de température, passent réversiblement de l'état liquide à l'état solide. Les résines thermodurcissables résultant d'une réaction irréversible entre une résine et un durcisseur ne change pas d'état sous l'action de la chaleur.

5.7.3 Choix de matériaux protecteurs des aciers de pipelines GZ1

Sur la base de cette étude critique sur l'évolution des revêtements appliqués sur la ligne GZ1 il y a une trentaine d'année, il s'avère que la recherche d'un revêtement anticorrosion est d'assurer une protection efficace et de longue durée des surfaces des aciers en constituant une barrière étanche et isolante avec le milieu agressif environnant et de soustraire le matériau à toute action avec ce milieu. Il doit être de bonne adhérence et imperméable à l'eau, et aux électrolytes contenus dans les sols (perméabilité, résistance chimique et résistance biologique) afin d'empêcher toute pénétration de l'humidité ou réaction chimique ou biologique avec le milieu environnant ou les microorganismes. La résistance mécanique doit être élevée pour supporter sans dommages les contraintes et les sollicitations résultant des opérations de manutention (transport, stockage, pose…) et de résister aux mouvements du sol et aux actions du fluide transporté (température, pression, vitesse…). Il doit résister également au vieillissement. La résistance d'isolement électrique doit être élevée (hautement diélectrique) en vue de s'opposer aux phénomènes électrochimiques. Les revêtements isolants doivent répondre à certaines exigences selon deux niveaux : à l'application et après sa mise en service et sa tenue en sol. Les revêtements doivent posséder les qualités mécaniques suffisantes pour que la couche adhère parfaitement à la canalisation et ne se craquelle ni ne s'écrase pendant les opérations de pose et lorsque la canalisation est dans le sol.

Outre ces caractéristiques, on tiendra compte des autres facteurs tels que le comportement en fluage ou en sollicitations thermiques. Le choix d'un type de revêtement est essentiellement celui d'un compromis nécessaire entre deux caractéristiques opposées : dureté et élasticité d'une part et d'autres parts du mode d'application et du climat de la région où se fait la pose. Dans le cas d'un pays chaud comme l'Algérie, on insistera beaucoup plus sur la dureté avant la mise en fouille où le tube revêtu pourra séjourner en dehors du sol pendant un temps déterminé.

Il est à noter que les caractéristiques d'un revêtement : résistance mécanique, résistance chimique, résistance aux impacts, résistance à l'absorption de l'eau, résistance au décollement cathodique, flexibilité sont définies par des tests de laboratoire selon les normes ASTM. Une autre exigence de l'application d'un revêtement qui vient d'être établi et adopté par la plus part des pays producteurs des hydrocarbures est le test du comportement du revêtement vis-à-vis de l'environnement qui ne doit présenter aucun signe de pollution ni présenter de danger pour le personnel en contact avec le revêtement lors de sa mise en application, particulièrement si le revêtement doit être appliqué avec un solvant. En plus des exigences techniques et ceux de l'environnement, le choix devra tenir compte des contraintes du terrain et résoudre le problème de corrosion active constaté et qui continuer à se manifester sur les canalisations.

De nature thermoplastique, les *liants hydrocarbonés* malgré leur coûts réduits n'ont pas résistés aux sollicitations mécaniques (hautes forces de cisaillement) et sollicitations thermiques (températures élevées), en plus des problèmes de discontinuité des couches appliquées, risque de déchirure pendant la pose ou le transport, perméabilité à l'eau et aux électrolytes, diminution de l'élasticité en périodes froides... ce qui ont diminués leur résistance à la corrosion. Les *polymères thermoplastiques* sous l'effet de température peuvent changer de phase à partir d'une réaction réversible de l'état liquide à l'état solide. Par contre Les résines thermodurcissables résultant d'une réaction irréversible entre une résine et un durcisseur ne change pas d'état sous l'action de la chaleur. La figure 5.2 montre l'effet comparatif de la dureté d'une macromolécule thermoplastique typique, le polyéthylène (PE), comparé à une résine polyuréthane PU.

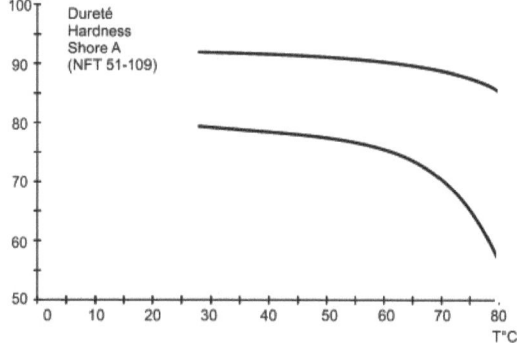

Figure 5.2 Effet comparatif de la dureté d'une résine PE et d'une résine PU

Les rubans polymères malgré leur facilité de pose ont présentés des pertes en composants adhésifs primaires dus à l'activité nutritive des microorganismes associés à des mécanismes de corrosion microbiologique. Les revêtements détachés en polymères augmentent la demande en courant de protection CP par suite d'un blocage. Les résines époxydes fondus (FBE) "fusion bonded epoxy" présentent beaucoup d'avantage par rapport aux revêtements précédents mais les risques de défaillances à l'application et en service ne sont pas tout à fait exclus, en plus de leur application en usine, ils présentent avant réticulation des dangers pour le personnel par des risques d'inhalation ou de contact avec la peau et les muqueuses et des problèmes d'environnement.

On peut dire en conclusion, que les revêtements thermodurcissables se présentent mieux pour la résistance à la corrosion comme matériaux isolants et possédant des caractéristiques plus performantes que les revêtements appliqués précédemment. Ils ont dans une gamme de température donnée, des caractéristiques peu sensibles à la température. Ainsi il est facile de prédire leur comportement mécanique, chimique ou encore thermique. Il dépendra du poids moléculaire et de la fonctionnalité du polyol ou de l'isocyanate dans le cas du polyuréthanne. Ces revêtements   présentent l'avantage de combiner en une seule couche les performances mécaniques des revêtements épais.

Les résines polyuréthanne (PU) fera l'objet de notre choix et nous recommandons son application   pour les revêtements futurs des pipes réhabilités de la ligne GZ1 40". Les performances des résines PU dépendront   ainsi de la   nature chimique de l'isocyanate et du polyol, R et R' selon la   réaction 5.4 de l'obtention des PU. Les isocyanates issus de l'isophorone auront une excellente résistance au vieillissement ultra violet, tandis que ceux à base de TDI, une excellente résistance chimique. Donc ce matériau peut ainsi être dur ou mou, souple ou rigide; l'un sera très résistant aux acides, l'autre très résistant aux solvants organiques. Il peut être très stable aux rayonnements ultra violets ou par opposition avoir une tendance au jaunissement qui n'affecte pas ses performances mais gène les utilisateurs. Selon les cahiers des charges rencontrés, il appartient au chercheur de formuler le produit ad hoc, et la panoplie offerte par cette chimie est extrêmement diversifiée. On pourra citer l'avantage que présentent les résines polyuréthannes modifiées (PUM) obtenues par l'association de nombreuses autres résines compatible. Il est possible en particulier de les associer avec des goudrons de houille, ceux –ci leur assurant de bonnes propriétés d'imperméabilité à l'eau.

5.8 Conclusions

Les aciers de pipelines sont sensibles aux phénomènes de piqûration par corrosion dans les sols de faibles résistivités tels que les sols en argiles où les valeurs ne dépassent pas 30 Ω.Cm. L'étude de l'influence des paramètres électrochimiques: concentration, pH, température, temps d'immersion, résistivité et humidité du sol, montre que les mécanismes conduisant à l'amorçage et la propagation des piqûres de corrosion en surface et en profondeur sont modifiés. Le phénomène de corrosion est gouverné par le potentiel de piqûration (E_p). Il représente le potentiel critique d'amorçage des piqûres et leur germination. Plus E_p est élevé, plus l'acier pourra résister au milieu corrosif. Pour une valeur de E_p = -452.8 mV l'amorçage et la germination de la piqûration ont eu lieu.

Les vitesses d'amorçage et de propagation des piqûres en surface sont différentes par suite de l'effet de propreté inclusionnaire. Les inclusions de Mns sont à l'origine de ces différences comme le montre les travaux de Salvarezza sur la corrosion des aciers en milieu chloruré à pH neutre.

Le potentiel de corrosion est légèrement déplacé vers les valeurs anodiques, lorsque le pH de la solution du sol tend vers une légère acidité. Ce   déplacement s'accompagne d'une nette diminution des densités de courant anodique et cathodique et la résistance de polarisation R_p diminue.

Dans le cas de la solution de test NS$_4$, l'espèce chimique principale est l'ion bicarbonate HCO$_3^-$. En absence d'oxygène, la génération d'hydrogène cathodique est accélérée en présence de CO$_2$ dissous. Cet effet n'est pas seulement la conséquence d'un abaissement du pH, il peut y avoir une réduction cathodique directe des espèces H$_2$CO$_3$ ou HCO$_3^-$.

Dans le domaine de température exploré, la densité de courant de corrosion augmente avec l'augmentation de la température et le potentiel de corrosion se déplace vers les valeurs négatives. Le potentiel de corrosion atteint la valeur E$_{corr}$ = -750 mV/ ECS lorsque la température passe de 20°C à 60°C. Les réactions de réduction d'hydrogène à la surface en acier sont faites selon un mécanisme d'activation de la corrosion. La variation du logarithme de la vitesse de corrosion en fonction de T^{-1} donne des droites indiquant que la loi d'Arrhenius est vérifiée. La valeur calculée de l'énergie d'activation de dissolution de l'acier X60 dans la solution NS$_4$ est faible par rapport à celle de la corrosion des aciers dans l'environnement acide. L'énergie de corrosion d'activation augmente avec la température selon l'environnement de sol.

Les diagrammes de Nyquist présentent la même forme générale pour l'interface acier /solution de test au potentiel de corrosion dans le milieu NS4 simulé du sol corrosif en fonction du pH légèrement neutre pour divers temps d'immersion. La résistance de transfert de charge (R$_t$) augmente avec l'augmentation du temps d'immersion dans la solution corrosive d'essai. Ce résultat est attribué à la corrosion spontanée du fer en milieu corrosif et à la formation d'un film protecteur d'oxyde à la surface de l'acier où la protection augmente avec le temps de contact.

Les sols en argile présentent de faibles valeurs de résistivité caractéristique d'un milieu corrosif colloïdal et floculé par les électrolytes pour les structures enfouies en acier. La piqûration se développe dans ce type de sol par suite des échanges ioniques entre les sols humides de faibles résistivités et la surface externe de l'acier. La résistivité qui varie en fonction de l'humidité et de la température varie également en fonction des saisons où les phénomènes d'assèchement en période estivale ou de gel en période d'hiver en plus de la nature du sol influent sur les valeurs de la résistivité du sol. Les écoulements des eaux souterraines chargées en sel de terrain et les conditions aérobics ou anaérobics peuvent changer les paramètres de corrosivité du sol.

Les mesures électrochimiques de corrosion de l'acier X60 ont été effectuées à potentiel libre dans le milieu NS$_4$ simulé du sol. Les conditions de piqûration de l'acier sur site se sont produites sous potentiel cathodique. En imposant un potentiel cathodique aux phénomènes de piqûration, nous avons constaté que l'acier présente une autre forme de corrosion décrite comme assistée par l'hydrogène et l'environnement qui fera l'objet d'un travail de recherche future.

La recherche d'une optimisation technico - économique d'un revêtement anticorrosion (RA) de canalisations enterrées pouvant répondre à toutes les exigences technologiques (résistance, adhérence, durabilité…), économiques et de conservation de l'environnement est : d'assurer une protection efficace et de longue durée des surfaces des aciers en constituant une barrière étanche et isolante avec le milieu agressif environnant, de soustraire le matériau à toute action avec ce milieu , fait l'objet des préoccupations de plusieurs laboratoires de recherche en essayant de trouver les formulations adéquates en maîtrisant le temps de réaction pour fiabiliser leurs applications. Le comportement cinétique est fortement lié au choix des réactifs mais également aux conditions de synthèse C'est aussi un problème permanent pour le transport par canalisations souterraines où les défaillances rencontrées sont en majeures parties dues aux phénomènes de piqûration par corrosion qui commence lorsque l'acier sous des revêtements décollés se trouve en contact avec les composants du sol environnant qui souvent présente une agressivité corrosive.

Le choix d'un type de revêtement est essentiellement celui d'un compromis nécessaire entre deux caractéristiques opposées : dureté et élasticité d'une part et d'autres parts du mode d'application et de son comportement vis-à-vis de l'environnement.

Les résines polyuréthanes PU présentant des performances techniques et technologiques par rapport aux revêtements utilisé ont fait l'objet de notre choix pour les revêtements futurs des pipes réhabilités de la ligne GZ1 40''. Les tests effectués sur les résines PU ont montrés ainsi la stabilité de la résistance d'isolement dans le temps avec un faible rayon de pénétration. Ces caractéristiques particulièrement la haute adhérence obtenue doit être précédée comme pour tout autre revêtement par une préparation convenable de l'état de surface.

6. Conclusion générale et perspectives

Les aciers de pipelines par suite des structures enterrées sont exposés à des risques de corrosion particulièrement par corrosion qui se manifeste le plus souvent par des mécanismes électrochimiques. Des modèles d'études de la corrosivité des sols sont basés sur des matériaux comprenant l'acier placés en contact direct avec l'environnement de sol humide et les sels dissous dans l'eau permettent de considérer le sol comme un électrolyte, bien qu'il puisse se distinguer des électrolytes par de nombreuses considérations. Des caractéristiques facilement mesurables telles que la résistivité du sol (ou sa conductibilité), l'humidité ou son pH ont été alors corrélées avec les problèmes de dégradation des matériaux et continuent à fournir des recommandations pour le choix des matériaux, tel que l'emplacement des structures et le choix d'itinéraire.

Le niveau de la polarisation des tubes induit par le système de protection cathodique est très fluctueux, non seulement d'un point à l'autre de la ligne, mais aussi dans le temps sur un point donné. Le revêtement des tubes étant du bitume de pétrole qui n'est pas un isolant électrique parfait et est donc susceptible de ne pas faire d'écran aux courants de protection qui pourraient alors atteindre la surface des tubes.

L'étude de la sensibilité des aciers de pipeline à la corrosion à potentiel cathodique et à potentiel libre dans un milieu électrolytique simulé du sol agressif a été considérée en reproduisant au laboratoire les conditions qui ont menés à ces défaillances de surface. Bien que cette simulation ne reproduit pas intégralement le phénomène du contexte industriel, mais permet de renseigner sur le mécanisme de développement des piqures de corrosion.

Les phénomènes de corrosion sont les menaces majeures pour les structures de pipelines enterrés en acier C-Mn présentant des mécanismes de corrosion par suite des interactions de l'acier avec le milieu de sol sous des revêtements dégradés.

Dans le cadre de cette étude, le comportement en corrosion électrochimique de l'acier de pipeline X 60 a été étudié. Les paramètres dont dépend la densité de corrosion de l'acier en interface acier / solution sont: la microstructure de l'acier, la propreté inclusionnaire, la résistance de l'acier, le pH de la solution, la température et le temps d'exposition.

Un milieu électrolytique NS_4 simulant les conditions de terrain a été défini. Les essais en laboratoire ont été effectués dans une solution désaérée dont le pH est ajusté entre 6.7 et 8.0. Les températures varient de 20°C à 60°C, bien que l'acier soit exposé en sol à des températures supérieures saisonnières.

Les éprouvettes de test avec les conditions d'interface ont été définies. Les courbes de polarisation potentiodynamique ont été enregistrées pour des variations des paramètres de corrosion. Les mesures de spectroscopie d'impédance (EIS) ont été effectuées en utilisant un analyseur de fréquence. L'acier se corrode selon un processus électrochimique caractérisé par la dissolution anodique du fer qui est contrôlée par la formation continue et la rupture d'un film passif formé a la surface de l'acier. Les facteurs influant au mécanisme d'endommagement en service sont : la nature des aciers, la nature des sols, système de protection, cycles de pression.

La résistivité du sol (ρ) est considérée comme étant le paramètre le plus important pour évaluer la corrosivité des structures enfouies en acier, est une mesure liée à sa composition chimique, à sa teneur en eau (%) et à sa compacité. La résistivité du sol diminue lorsque l'humidité augmente ce qui favorise l'échange ionique entre l'acier et le milieu environnant et les réactions de dissolution anodique.

Les méthodes d'évaluation du taux de corrosion et de réhabilitation couramment appliqués pour les structures corrodées sont de deux types méthode d'évaluation pas à pas basée sur les normes API (B31G) et les méthodes par approche statistique. La prévision de la durée utilitaire restante des structures soufrant de corrosion localisée peut être améliorée en appliquant des approches probabilistiques. Quelques approches ont été appliquées ou développées pour répondre dans le contexte des corrosions piqûrantes.

La méthode B31G s'appuie sur les critères de la norme ANSI/ ASME (1984). Elle permet une évaluation du taux de corrosion en grande surface, des piqûres non continues, soudures et des effets de la corrosion circulaire. C'est une méthode de réhabilitation pas à pas pour une évaluation spécifique à chaque tube corrodé. La corrosion en surface longitudinale présente trois types de zones de corrosion et la corrosion circulaire présente une extension des pics de corrosion en profondeur.

Pour ajuster le phénomène d'apparition des défaillances, plusieurs modèles statistiques ont été développés les plus employés et admis par beaucoup de chercheurs sont le modèle de la valeur extrême basé sur la considération du pic maximum et le modèle de Weibull à trois paramètres η, β, γ permettant d'ajuster toute sorte de résultats expérimentaux et opérationnels. La modélisation des défaillances par le modèle de WEIBULL nous a permis de définir toutes les fonctions caractérisant la fiabilité de la ligne GZ1. Les calculs des différents paramètres de fiabilité : les paramètres de formes et d'échelle ont été déduits. Cette étude nous a permis de calculer la durée de vie nominale du pipe qui est au maximum de l'ordre de 15 ans. Ce qui est conforme au contexte industriel.

La vie restante de la structure de pipeline potentiellement corrosive dépendra de la forme de distribution des pics et des pics maxima d'une part et de leur propagation jusqu'à perforation. Elle dépendra également des surfaces exposées et du temps d'exposition. Les tubes de la ligne GZ1, après un temps d'exposition que nous avons estimé acceptable, enfouissement d'une trente d'année, présentent des profondeurs de pics variant entre 2.5 mm et 5 mm sur une profondeur totale (t) de 12.7 mm ce qui représente un taux de défaillance de 19.68 % et de 39.37% ce qui peut être admissible dans ce contexte. En plus les essais de laboratoire sur la résistance chimique et mécanique du matériau ont montré que le matériau malgré ces défaillances continue à résister. La réhabilitation des tubes corrodés après un temps d'exposition infinie a présenté un taux de récupération de 69.35% sur un total de 3296 tubes examinés. Ce résultat est également acceptable.

Nous recommandons pour l'évaluation du taux de corrosion et de la vie restante des tubes corrodés d'appliquer la méthode d'évaluation pas à pas qui donne des résultats plus justes pour la réhabilitation. Les mesures appropriées ne donnent pas généralement des évaluations précises de la durée de vie restante d'où le besoin de l'exprimer par application des modèles probabilistiques.

Les résines PU présentant des performances techniques et technologiques par rapport aux revêtements utilisé ont fait l'objet de notre choix pour les revêtements futurs des pipes réhabilités de la ligne GZ1 40". Les tests effectués sur les résines PU ont montrés ainsi la stabilité de la résistance d'isolement dans le temps avec un faible rayon de pénétration. Ces caractéristiques particulièrement la haute adhérence obtenue doit être précédée comme pour tout autre revêtement par une préparation convenable de l'état de surface. Ces performances dépendront de la nature chimique de l'isocyanate et du polyol, R et R' selon la réaction d'obtention des PU. Les isocyanates issus de l'isophorone auront une excellente résistance au vieillissement ultra violet, tandis que ceux à base de TDI, une excellente résistance chimique.

En perspectives on pourra prévoir d'autres études pour améliorer le système de protection comme l'addition de protection par inhibiteurs de corrosion qui seront injectés dans le sol sans risque de pollution comme les bioinhibiteurs à base de substance naturelle ou à base de polyphosphates…qui seront appliqués dans les sols traversés par le pipe et présentant des états de corrosion récidives.

7. Références bibliographiques

Références 1

[1.1] SONATRACH / Marketing Activity, *communication and documentary information*, Sonatrach Gas Marketing, Alger, Dec. 2001)

[1.2] J.C. BAVAY,(1982), *corrosion, les bases fondamentales,* Pub. Division recherche métallurgiques du groupe Usinor Chatillon

[1.3] SPIECKHOUT J. (1995). *A new design philosophy for gas transmission pipeline designing for gouge-resistance and puncture resistance.* In : Second International Conference on Pipeline Technology, Vol.2, pp 477-489, Ostend.

[1.4] GRAY J.M, PONTREMOLLI .M, (1987), *Metallurgical Options for API grade X70 and x80 linepipe.* In: international Conference Pipe technology, pp 171-191, Rome

[1.5] ENDO and al. (1992),*Development of X100 line pipe.* In International Conference on Pipeline Reliability, pp III-4.1- III-4.11, Calgary.

[1.6] R. THOMAS , JACK, (1996) *External corrosion of line pipe, a summary of research activities,* MP, 18-24

[1.7] F. RIVALIN (1998),*Développement d'aciers pour gazoducs à haute limite d'élasticité et ténacité élevée,* Thèse de doctorat, ENSMP, Paris, école nationale supérieure des mines de Paris.

[1.8]LEIS B.N, BUBENIK T.A, (1996), *stress corrosion cracking in pipelines,* pipeline & gas journal, pp 42-49

[1.9]MUHLBAUER, W.K. (1996), *Pipeline risk management manual, 2nd edition,* Gulf publishing company, p98

[1.10] KRIST K., LEEWIS L, (1998), *Stress corrosion cracking mechanisms in pipelines,* Pipeline& gas journal, 225, N°3,pp49-52.

[1.11] Y.LAFRENIERE,(1993), *Hydrogen-induced cracking of line pipe steels used in sour service,* Corrosion, vol. 49. pp 531-535.

[1.12] D. LE FRIANT, (2000), *Fissuration assistée par l'hydrogène des aciers de pipelines,* Thèse de doctorat, ENSM St Etienne, école nationale supérieure des mines de St Etienne.

[1.13] R.MARCHAL, G. POIRIER, (1987) *Corrosivité des sols vis-à-vis des métaux ferreux,* techniques et documentation-Lavoisier, Paris pp152-190.

[1.14] C.L. DURRAND , J.A BEAVERS, (1998),*techniques for assessment of soil corrositivity,* Corrosion 98 paper 667, NACE international.

[1.15]E.E. THOMAS, (1990), *Pipeline research perspective (PRC),* Eight symposium on line pipe research, session 1 line pipe production and properties, 1-1 to 1-7.

[1.16] corrosion tests and standards (1995), *application and interpretation,* ASTM manual series; MNL20

[1.17]E. ESCALANDE (ed.), (1979), underground corrosion, ASTM STP 741,E,

[1.18] A.W. PEABODY (1967), *control of pipeline corrosion,* NACE, Houston TX

[1.19] P.CHATTERJEE and T.B. SINGH (1992), *corrosion and hydrogen absorption studies of pipeline grade steel in acidic chloride solution,* J. Electrochem Soc. India, Vol. 41-4,pp 225-229.

[1.20] D.T CHIN and G.M SABDE, (2000), *Modeling transport process and current distribution in a cathodically protected crevice,* corrosion-vol. 56, N°8

[1.21] K.H. LOGAN (1948), *corrosion by soils,* In H.H. Uhling Corrosion Handbook, In the Corrosion Handbook, H.H.Uhling (Eds.) John Wiley & Sons Inc., pp. 446-466, London. *Uhlig's Corrosion Handbook, Second Edition,* Edited by R.Winston Revie. ISBN 0-471-15777-5 (2000) john Wiley & Sons. Inc.

[1.22]D. LAMDOLT (1993), *corrosion et chimie de surfaces des métaux, traité* des matériaux, presses polytechniques et universitaires romandes, Lausanne.

[1.23]L. ANTROPOV (1979), *électrochimie théorique,* édition MIR, moscou.

[1.24]C. BASALO (1987), *les canalisations d'eau et de gaz, corrosion, dégradation et protection,* AGHTM, tech. Et doc. Lavoisier

[1.25] J.VINCENT-GENOD (1972), *Le transport des hydrocarbures liquides et gazeux par canalisation,* Publications de l'Institut Français du Pétrole, Société des éditions Technip, Paris

[1.26] http://www.corrosion-doctors.org/Pipeline/.htm

[1.27] Li, SeonYeob; Jeon, J-Young; Kho, YoungTai, *Statistical approach to underground corrosion of carbon steel pipeline*, Corrosion Science and Technology (2002), 31(6), 461-467

[1.28] Li,Seon Yeob, Kim; YougGeun;Jeon,J-Young;Kho, *Corrosion of carbon steel induced by sulfate-reducing bacteria in anaerobic soil,* Corrosion Science and technology (2002), 20(4-5), 391-401.

[1.29]Amarnath; Upadhyay, S. N.; Namboodhiri, T. K. G, *Effect of thermal and mechanical treatments on corrosion of API X-52 grade line pipe steel in flowing 3.5% NaCl solution*, . Indian Journal of Chemical Technology (2003), 10(6), 611-614.

[1.30] Li, Yuntao; Du, Zeyu; Tao, Yongyin; Li, Jianjun, *Effect of Mn and MnS on corrosion properties of domestic pipeline steels and welds* School of Materials Science and Engineering, Tianjin University, Tianjin, China Welding (2004), 13(2), 123-127..

[1.31] Xu, Chun-chun; Chi, Lin; Hu, Gang, *Electrochemical behavior of X70 pipeline steel in carbonate-bicarbonate solution* Fushi Kexue Yu Fanghu Jishu (2004), 16(5), 268-271, china.

[1.32]R.N Parkins, R.R Fesler, (1986) . line pipe Stress Corrosion Cracking Mechanisms and remedies, *Corrosion,* paper N° 320

[1.33] K. Belmokr, N. Azzouz, F Kermiche, M. Wery and J. Pagetti, *Corrosion study of steel protected by a primer, by electrochemical impedance spectroscopy (EIS) in 3% Nacl medium and in a soil simulating solution,* Materials and corrosion 49, 108-113 (1998)

[1.34] Thomas R. Jack, (1996) External corrosion of line pipe, a summary of research activities, *MP*, 18-24

[1.35] Gourbeyre, Y.; Rytirova, L.; Dagbert, C.; Galland, J.; Hyspecka, L. *Laboratory study of the behavior of a duplex coating (Zn + paint) used for the protection of buried structures made of low alloyed ferrous metal,* Matériaux & Techniques (Paris, France) (2003), 91(3-4), 41-47

[1.36] Zhang, Liping; Zhu, Lin; Zhang, Qibin; Qin, Yanlong; Wang, Xueying, *The development and application of a external coating for buried pipeline rehabilitation* ,Corrosion Science and Technology (2003), 2(3), 161-163.

[1.37] Homann, M. Bayer AG, *update of polyurethane developments for pipe coatings* , European coatings (2003), 79(5),17-23

[1.38] G. Gaillard, J-L. BOULIEZ (1999), *revêtement anticorrosion polyuréthane pour la protection de structures métalliques enterrées,* 2ième journée CEREC/B.S coating/LO CASCIO, Milan.

[1.39] Stucke, Walter, *Electrochemical corrosion-resistant multilayer coatings for steel pipes*, Germany. PCT Int. Appl. (2005), 42 pp.

[1.40] Davydov, S.N, Abdullin, IG, Rafikov, S.K, Akhiyarov, *injected carbonate forming mixture for local repair and protection from underground corrosion of pipelines with locally damaged insulation coating without electrochemical protection.* Patent russ. (2003)

[1.41] Li, S. Y.; Kim, Y. G.; Kho, Y. T.; Kang, T *Statistical approach to corrosion under disbonded coating on cathodically protected line pipe steel*, Corrosion (Houston, TX, United States) (2004), 60(11), 1058-1071.

[1.42] Novoselova, N. S.; Korol, S. L.; Kostevich, V. E.; Pisarchukovskaya, N. G.; Filippova, T. V. *Borosilicate glass for protective coating of steel pipes,* "Noril'skii Nikel'", Russia). Patent Russ. (2005),

[1.43] Moran, WY, *Behavior and Corrosion Deformation Interaction*, Publisher: Minerals, Metals & Materials Society, United States, Sept. 22-26, 2002 (2003), Meeting Date 2002

[1.44] Y.; Kajiyama, F.; Fukuoka, T., *Alternating current corrosion risk arising from alternating current-powered rail transit systems on cathodically protected buried steel pipelines and its measures,* Corrosion (Houston, TX, United States) (2004), 60(4), 408-413.

[1.45] Hong, T.; Sun, Y. H.; Jepson, W. P, *Study on corrosion inhibitor in large pipelines under multiphase flow using EIS,* . Corrosion Science (2001), Volume Date 2002, 44(1), 101-112

Références 2

[2.1] A. Benmoussat et H. Hadjiat, rapport d'expertise des tubes STT, Projet de recherche CNEPRU J 1301-03-05-98, FSI,(1999) université Tlemcen (Algérie)

[2.2] group limited Canada" -PII. Inspection en ligne et diagnostic. Direction de traitement de canalisation (DRC) SONATRACH. ARZEW.

[2.3] Nefedov, Zhiltsov. S, Efimov. M, Vasiliev. A, Kotsur.A. Rapport technique d'inspection géométrique et par piston a fuite de flux magnétique. Weatherford. 2009

[2.4] M. Hafifi, M. Meddah, rapport d'expertise sur canalisation du gazoduc GZ1 40", SONATRACH –DRC, Arzew, (2000)

[2.5] Franklin A.G, *comparison between a quantitative microscope and chemicals methods for assessment of non-metallic inclusions,* journal of the iron steel institute, 1969 pp.181-186

[2.6] Constant A., Henry et Charbonnier J.C, *Les principes de base des traitements thermiques, thermomécaniques et thermochimiques des aciers,* 1992, éditions PYC

[2.7] F. RIVALIN (1998), *Développement d'aciers pour gazoducs à haute limite d'élasticité et ténacité élevée,* Thèse de doctorat, ENSMP, Paris, école nationale supérieure des mines de Paris.

[2.8]API specification 5L (SPEC 5L), specification *for line pipe,* Fortieth edition, November 1, 1992, American petroleum institute 1220 L street, northwest Washington, DC 20005

[2.9] [1.6] R. Thomas , Jack, (1996) External corrosion of line pipe, a summary of research activities, MP, 18-24

Références 3

[3.1]K.Belmokre, N. Azzouz. F. Kermiche. M. Wery and J. Pagetti, *corrosion study of carbon steel protected by a primer, by electrochemical impedance spectroscopy (EIS) in 3% Nacl medium and in a sol simulating solution,* Materials and corrosion,49, 108 – 113 (1998)

[3.2]R.N. Parkins, W.K. Blanchard, Jr B.S, Corrosion Vol. 50 N° 5, 394 – 408 (1994)

[3.3]B.Delanty, J.O'Beirne, Oil and gas journal, 15th June 1992.

[3.4]E.A Charles; R.N. Parkins, Corrosion Vol.51 N°7, 518 – 527 (1995)

[3.5] F.Z. Myllins, Metallk., 14 -233 (1922)

[3.6]A.M Shams El –Din et J.M Abd.Elkader, Oberflach/surface, 18 -11 (1977).

[3.7]W.Neil et C.Garrard, Corrosion sciences,36-837(1994)

[3.8]A.N. Frumkin, J.Phys. Chem., 116-46 (1928)

[3.9] J.R Macdonalt, W.B.Johns, Theory *of impedance spectroscopy. In Impedance Spectroscopy Emphasizing Solid Materials and Systems,* J.R Macdonal, edit.

[3.10] M.Stern and A.L Gearch, *Electrochemical polarization,* Journal of the Electrochemistry Society, Volume 139,Issue 4 avril 1957, pp – 56 -63

[3.11]W.J Lorenz , F.Mansfeld, corrosion Sc. , 21 – 647 (1981)

[3.12] F. Berthier, J.P Diard, B. Le Gorrec and C. Montella , method for determining the Faradic impedance of an electrode reaction : application to metal corrosion rate measurements, corrosion sciences, volume 51, issue 2, 1996 pp 105-115.

[3.13] [14]A.Field Manual, Marshall E. Parker, *Pipe line Corrosion and cathodic protection,* Edit. Gulf Publishing Company, (1954)

Références 4

[4.1]SONATRACH –TRC, division études et développement, *calcul de la PMS d'un pipe corrodé par le critère B31G modifié,* janv. (1995)

[4.2] ANSI/ASME B31 code for Pressure Piping; ANSI/ASME B31G.1984. *manual for determining he remaining strength of corroded pipelines*

[4.3]E.G Gumbel, *statistics of extremes,* Columbia university press, New york, (1958)

[4.4]P.M.Aziz, *Application of the statistical theory of extreme values ro the analysis of maximum pit depth for aluminium,* Corrosion ,12, 495t, , (1956) ocober.

[4.5]Howard,F.Finley,arthur C. Tancre, *Extreme –value statistical analysis in correlation of firt leak on submerged pipelines,* Materials protection, pp 29 -35 (1964)

[4.6]P.J Laycock,R.A cottis, PA Scarf, J.Electrochem.Soc., 137,64, (1990)

[4.7]R.N parkins, loc cit, 46, 178, (1990)

[4.8] R.N Parkins, (1986) . *Predicting the remaining life of structures suffering localized corrosion,* Corrosion, paper B 1

[4.9]X vavier, Guyon, *statistique et économétrie, du modèle linéaire aux modèles non-linéaires,* edit. Ellipes (2001)

[4.10]D.Richet,M.Gabriel D.Malon, G.Blaison, *maintenance basée sur la fiabilité,* Edit. Masson paris (1996)

[4.11]M. Boumahrat, A.Gourdin, *Méthodes numériques appliquées,* Edit. OPU Alger,(1993)

Références 5

[5.1]A. Turnbull, Corrosion sciences, Vol.23, N° 8 pp 833, (1983)

[5.2]S. Nesic, J. Postlehwaite, S. Olsen, Corrosion, Vol.52, N° 4 pp 280-294, (1996)

[5.3]C.De Waard, D.E.Millimas, Corrosion Vol.31, N° 5 pp 177 - 181, (1975)

[5.4]B.R Linter, G.T Burstein, Corrosion Sciences 41 pp 117 - 139, (1999)

[5.5]D.H. Davies, G.T Burstein, corrosion Vol.36, N° 8 pp 416 - 422 (1980)

[5.6]G.I.Ogundele, W.E White, Corrosion Vol.42, N° 2 pp 71 - 78 (1986)

[5.7]R.A King, "A review of soil corrosiveness with particular reference to reinforced earths" TRRL Supplementary Report 316, TTRL Crowthone, 1977

[5.8]S .Sankara, papavinasam ,F.Pushpanaden, M.Ahmed, Corrosion sciences, 32, 193, (1991)

[5.9]S.Li, D.X, Liu, Y.J Kang, Z.H, Yang, Journal. Inorg. Chem., 10, 418 (1994)

[5.10]E.Stupnisec, S.Podbrscek, I.Soric, J. Appli. Electrochem., 24, 779, (1994)

[5.11]H.Ma,S.Chen.L.Niu, S.Shang …, J. Electrochem.Soc. 148, 208 (2001).

[5.12]Le Morgan , la protection catrhodique, ed. Tehnip France , (1998)

[5.13]R.C. Salvarezza, N.De Critofaro, Electrochemi. Acta, Vol 32, p 1049 (1987)

[5.14]Henry Ledheiser Jr, *Corrosion control by organic coatings,* Official NACE publication

[5.15]J.Hoiberg, *Bituminous Materials: Asphalt, Tars and Pitches,* Volume II, edited by Arnold, Interscience Publishers, John willey and son, (1965)

[5.16]M.Roche, JP Samaran, *pipeline coating performance – field experience of an operating petroleum company,* Materials performance, 28 – 34, (1987)

[5.17] M.Roche, JP Samaran ,E. Larcher, *Essais comparatives de différents revêtements externes pour canalisations enterrées,* Cong A.TG, Association technique de l'industrie de gaz en France, Paris France (1984).

[5.18]A. Benmoussat, et M.Hadjel, *rapport d'expertise des tubes STT, Projet de recherche CNEPRU E3102-03-03, Faculté des sciences,* Université des sciences et technologie (USTO)   Oran (Algérie),(2003)

[5.19]E.S Pankhurst, Jocca 56, p 373, (1973)

[5.20]E.L Cadmus, Wire journal, p.94, (1977)

[5.21]Tr.Jack, G. Van Boven, Mj. Wilmott, R.L Sutherby, R.G Worthiagham, *MP 33,8, p 17, (1994)*

[5.22] Tr.Jack, RG Worthiagham, F.G Fems, *Microbiologically influenced Corrosion and Bioterioration,* Knoxville, Tennessee University, pp4.19, (1991)

[5.23] R. THOMAS, JACK, (1996) *External corrosion of line pipe, a summary of research activities,*   MP, 18-24

[5.24]J.H. Saunders, K.C. Frisch, *Polyurethanes chemistry and technology,* Interscience publishers (1962).

[5.25] L.Orsini, *Peintures et vernis polyuréthane,* EREC society 2ième édition, (1980).

[5.26]Maryline Rochery, *Elaboration et caractérisation de polyuréthanes pour le collage,* thèse de doctorat de l'université des sciences et technologie de Lille1, ENSCL, (1999)

Printed by Books on Demand GmbH, Norderstedt / Germany